ÉTUDE

SUR LE

MODE DE FORMATION

DE LA

HOUILLE

DU BASSIN FRANCO-BELGE

(Théorie nouvelle)

Par

Ludovic BRETON

Ingénieur-Directeur des Travaux de la compagnie du chemin de fer sous-marin
entre la France et l'Angleterre.

*Pendant vingt ans sur le métier
j'ai remis mon ouvrage*

AVEC 48 FIGURES DANS LE TEXTE ET 40 PLANCHES

PARIS
LIBRAIRIE F. SAVY
77, boulevard St-Germain, 77

1885

ETUDE

SUR LE

MODE DE FORMATION

DE LA

HOUILLE

DU BASSIN FRANCO-BELGE

ÉTUDE

SUR LE

MODE DE FORMATION

DE LA

HOUILLE

DU BASSIN FRANCO-BELGE

(Théorie nouvelle)

Par

Ludovic BRETON

Ingenieur-Directeur des Travaux de la compagnie du chemin de fer sous-marin
entre la France et l'Angleterre.

Pendant vingt ans sur le métier
j'ai remis mon ouvrage.

AVEC 18 FIGURES DANS LE TEXTE ET 10 PLANCHES

PARIS

LIBRAIRIE F. SAVY

77, boulevard St-Germain, 77

1885

A

Monsieur Alban DU SOUICH

Inspecteur général des mines en retraite.

A

Monsieur Alban DU SOUICH

Inspecteur général des mines en retraite.

PRÉFACE.

La direction des travaux d'études préparatoires pour la construction du chemin de fer sous-marin entre la France et l'Angleterre m'a été confiée le 1er Août 1879 ; j'avais alors pour passé minier, depuis ma sortie de l'École des mines de Saint-Étienne, quinze années d'études géologiques et de travaux pratiques dans le bassin houiller du Pas-de-Calais : d'abord comme Ingénieur aux mines de Dourges de 1864 à 1872 et, ensuite, comme Ingénieur-Directeur de la Compagnie des mines d'Auchy-au-Bois de 1872 à 1879.

En prenant la direction des travaux de cette belle entreprise de la réunion de l'Angleterre au Continent, ce n'était pas pour moi, précisément, abandonner les mines, car la construction du tunnel sous-marin est un travail où l'art du mineur intervient à chaque instant ; mais c'était quitter l'exploration du terrain houiller pour celle du terrain crétacé.

L'arrêt des travaux du tunnel, momentané, espérons-le,

m'oblige à des études de cabinet sur ce sujet inépuisable ; cepen
dant les loisirs que ces études me laissent quelquefois, me permettent de reporter mes pensées vers les premières années de
ma carrière, vers ces recherches scientifiques sur le terrain
houiller qui m'avaient tant passionné lorsque je fis paraître :
l'*Etude géologique du terrain houiller de Dourges* (1872) —
l'*Étude stratigraphique du terrain houiller d'Auchy-au-Bois*
et la *Théorie sur le prolongement au sud de la zone houillère
du Pas-de-Calais* (1876).

Chacun de ces mémoires a obtenu une médaille d'or à la
Société des Sciences de Lille.

Je dois dire que pendant la période active des travaux préparatoires du tunnel tout mon temps a été consacré à cette grande
œuvre, aussi ai-je dû forcément délaisser le terrain houiller.
Cependant, ma situation nouvelle m'a permis de faire de nombreuses excursions géologiques en Belgique, en France et en
Angleterre. Ces excursions, comme toutes celles que j'ai faites
dans le Bas-Boulonnais, avaient toujours pour but les études
commencées sur le tunnel : j'ai donc ici à remercier l'Administration du chemin de fer sous-marin, pour la confiance et les
encouragements qu'elle m'a accordés, et à lui exprimer toute
ma reconnaissance.

Les théories nouvelles si ingénieuses, mais si diverses et si
contradictoires sur la formation de la houille de MM Grand'
Eury, Frémy, Fayol et Durand, venant après les théories
anciennes des fondateurs de la géologie et de la paléontologie
végétale : Elie de Beaumont, Lyell, Adolphe Brongniart et

beaucoup d'autres savants, m'intéressaient au plus haut point mais laissaient toujours des doutes dans mon esprit.

Ces théories ne pouvaient m'expliquer, jusqu'à me convaincre, les faits que j'avais observés dans plus de mille descentes dans les mines. Je les trouvais toutes trop compliquées contrairement à tout ce qui se passe dans la nature.

Mes études antérieures et la pratique des travaux d'exploitation m'avaient préparé à essayer de traiter la question, non en savant, mais en mineur, avec un esprit indépendant, libre de tout préjugé, éliminant le surnaturel pour expliquer des choses naturelles, attachant une grande importance à l'observation exacte des faits et poursuivant dans toutes les directions la recherche des comparaisons avec les phénomènes actuels pour arriver à une idée de l'ensemble. Ai-je réussi? Je suis loin d'affirmer que j'ai dit le dernier mot : les études sur la nature sont sans limite et le champ est trop vaste pour qu'il soit jamais entièrement parcouru, mais en me plaçant hors des sentiers battus je crois avoir découvert une théorie absolument nouvelle pour les géologues, théorie néanmoins susceptible d'être entâchée d'erreurs, puisqu'elle est œuvre d'homme, mais qui donne aux paléontologistes des explications plausibles sur l'état de désintégration dans le terrain houiller, des plantes fossiles et de quelques-uns des fossiles marins. Elle éclairera en même temps des questions d'ordre stratigraphique qui ont tant exercé la sagacité des savants et des ingénieurs de mines. Elle s'appuie sur des hypothèses d'une très grande simplicité, presque des axiomes ; avec ce grand avantage, sur toutes les théories précédentes, de faire peu varier la géographie pendant l'époque houillère. Elle explique en outre naturellement, sans efforts d'imagination, sans faire plier la nature au gré de mes désirs, tous les faits si singuliers, contemporains de la formation houillère, observés jusqu'ici dans les couches de charbon du grand bassin franco-belge. Je les ai fait connaître, du reste, pour la plupart, la première fois en 1872, dans mon étude géologique du terrain houiller de Dourges. Ces faits ont été, depuis lors, reproduits dans des traités de géologie et d'exploitation.

Il me restait à vaincre une difficulté : celle de me faire comprendre des personnes qui ne sont pas géologues de profession. J'ai fait tous mes efforts pour atteindre ce but. En regard de mes descriptions qui sont aussi élémentaires que possible, j'ai mis des dessins qui permettent de suivre, des yeux, le développement de ma théorie, ce qu'il est très difficile de faire avec les théories connues jusqu'ici, car les faits leur résistent. J'ai voulu surtout expliquer le mode de formation de la houille, laissant aux savants autorisés l'étude microscopique des végétaux constitutifs de ce combustible minéral. Je dois même faire appel à toute leur indulgence pour les erreurs scientifiques que mon inexpérience aurait pu me faire commettre. Ce livre n'a pas d'autre prétention que de chercher d'abord à provoquer méthodiquement l'esprit de recherches et à être utile aux jeunes ingénieurs du bassin franco-belge dont les connaissances théoriques et pratiques sont souvent insuffisantes à leur sortie des écoles spéciales, ce qui leur rend très arides les débuts du métier de mineur, qui, plus qu'aucun autre, exige l'union intime de la théorie à la pratique et à l'expérience : c'est-à-dire la science géologique à l'art des mines.

Je pense être utile à la génération nouvelle, en lui communiquant les résultats de mes études, mais je sais aussi qu'elle ne les acceptera qu'à la condition d'y trouver le moins possible de métaphysique. C'est donc dans cet esprit qu'est écrite l'Étude sur le mode de formation de la houille du bassin franco-belge.

PREMIÈRE PARTIE.

ANALYSE DES TRAVAUX PARUS SUR LA QUESTION DEPUIS 1872.

L'origine de la houille et son mode de formation en nombreuses veines plus ou moins séparées les unes des autres et d'épaisseur régulière, depuis un centimètre jusqu'à deux et trois mètres dans le bassin franco-belge (beaucoup plus puissantes et moins régulières dans les bassins du centre de la France) est une des questions qui depuis longtemps fixe le plus l'attention des savants, des géologues et des ingénieurs de mines, sans que l'accord puisse se faire ; mais depuis quelques années elle est véritablement posée à l'ordre du jour, grâce aux remarquables travaux de MM. Grand'Eury et Fayol.

Opinion des savants sur le mode de formation des roches sédimentaires.

Les savants de tous les pays sont à peu près d'accord sur le mode de formation des roches sédimentaires pour tous les terrains de la série géologique : ces roches ne se déposaient pas autrement que se superposent au fond des lacs, des océans, ou à l'embouchure des fleuves, les sédiments actuels. Mais ces savants sont obligés, pour expliquer la belle époque houillère, de faire des hypothèses qui doivent mettre à la torture leur imagination. Ainsi, pour beaucoup d'entre eux, à l'époque houillère le sol subissait des mouvements intermittents qui le faisaient émerger pour permettre une végétation puissante et très étendue, et immerger ensuite par affaissement pour recevoir les terrains de recouvrement des couches de houille. Ils expliquent de cette façon la formation des veines de charbon minces et nombreuses du bassin houiller franco-belge. C'est donc admettre que périodiquement, à une végétation luxuriante, succédait par superposition l'aridité des sables ou des argiles, et réciproquement.

Les suppositions de M. Grand'Eury ne sont pas moins compliquées, Pl. I, fig. 4, puisque, en plus d'un abaissement lent et graduel du sol, ce savant ingénieur géologue fait charrier par des eaux claires dans des aires de dépôt des végétaux provenant de forêts marécageuses et aquatiques très voisines des bassins, (ce serait la formation des couches de houille) tandis que des eaux bourbeuses venant d'autres points, de collines dénudées, transporteront à un autre moment des sables et du limon (ce serait la formation des grès et des schistes du terrain houiller).

Résumé de la théorie de M. Fayol sur le mode de dépôt des roches du terrain houiller.

Je m'empresse de dire que pour les bassins houillers du centre de la France, à couches de houille puissantes, irrégulières, j'ai été devancé pour l'incrédulité aux mouvements du sol souvent répétés, par M. Fayol, l'habile directeur des mines de Commentry, qui explique comme suit la formation du bassin houiller qu'il exploite :

« Dès maintenant, dit-il, je crois pouvoir tirer de mes études » la conclusion suivante : Tous les matériaux qui constituent le » terrain houiller de Commentry ont été charriés par les eaux » et déposés dans un lac profond pendant une période géologique » tranquille. » Pl. I, fig. 1-2-3.

Pour les bassins désignés communément sous le nom de bassins marins, comme le bassin houiller franco-belge, M. Fayol dit :

« Les bassins marins ont une autre allure qui doit résulter » de ce que les matériaux apportés par les fleuves, au lieu

Pl I

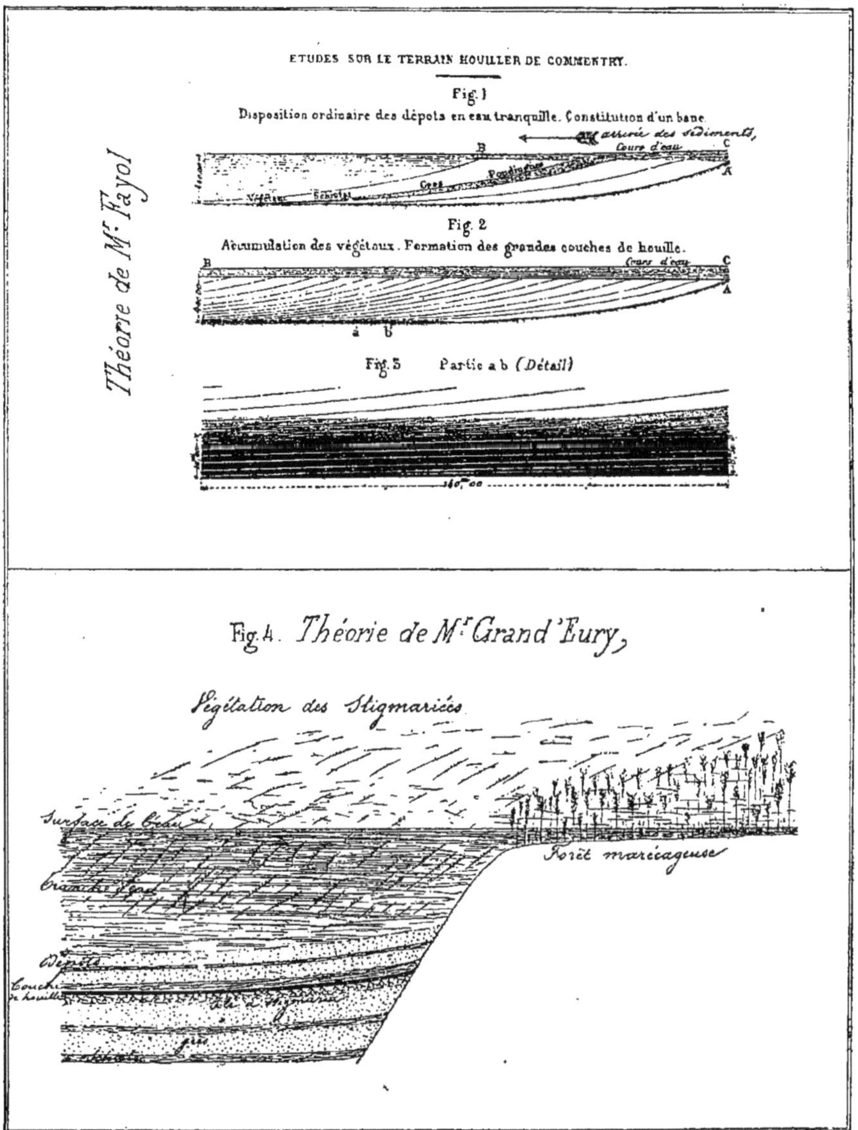

ETUDES SUR LE TERRAIN HOUILLER DE COMMENTRY.
Théorie de Mr Fayol
Fig. 1
Disposition ordinaire des dépots en eau tranquille. Constitution d'un banc.
arrivée des sédiments,
Cours d'eau
B
C
A
Poudingue
Grès
Schistes
Fig. 2
Accumulation des végétaux. Formation des grandes couches de houille.
Cours d'eau
B
C
A
a
b
Fig. 3 Partie a b (Détail)
Fig. 4. Théorie de Mr Grand'Eury,
Végétation des Stigmariées
Surface de l'eau
Forêt maricageuse
Dépôts
Couche de houille
grès

Ludovic Breton. del.

» de rester en place comme dans l'eau tranquille, sont aussitôt
» repris, remaniés, transportés et déposés suivant d'autres lois. »

Comme on le voit, pour aucun bassin M. Fayol ne fait osciller
le sol pour l'émerger ou l'immerger afin d'expliquer l'apparition
d'une végétation et sa disparition; il ne le fait pas non plus
abaisser lentement et graduellement comme M. Grand'Eury,
mais il fait apporter du dehors, en mélange dans l'eau boueuse,
tous les végétaux nécessaires aux formations des veines de
charbon. Il veut en un mot une origine commune pour toutes
les roches d'un terrain houiller. Je montrerai pour le bassin
franco-belge, classé parmi les bassins marins, que les faits sont
en contradiction avec l'hypothèse de M. Fayol et j'expliquerai
deux formations indépendantes entre elles : une spéciale pour la
houille qu'on ne peut séparer de la partie supérieure du mur
des veines, parce que celles-ci forment associées d'immenses
surfaces régulières d'épaisseur : *formation sur l'eau tranquille
du bassin* ; une autre pour tous les sédiments stériles, grès et
schistes, moins réguliers d'épaisseur, même lorsque ces roches
forment le toit des veines : *formation par des eaux courantes se
rendant dans l'eau tranquille du bassin.*

La richesse d'un bassin houiller dépend de la prédominance de
la première de ces deux formations sur la seconde.

Je ne connais pas assez les bassins du centre de la France,
pour vouloir trop discuter la belle théorie de M. Fayol sur le
mode de formation de ces bassins. Cette tâche n'a pas effrayé
M. Durand alors ingénieur des mines de Doyet, (Allier), comme
le prouvent les comptes rendus mensuels de la Société de l'Industrie minérale, district du Centre :

N° de Décembre 1880, page 295 et suivantes ;

N° de Juillet 1881, page 162 et suivantes ;

N° de Décembre 1881, page 220 et suivantes ;

N° d'Octobre 1882, page 139 et suivantes qui renferment :
le premier, la théorie de M. Fayol ; le deuxième, celle de
M. Durand et la savante réponse de M. Fayol ; enfin, dans les
deux derniers, M. Durand ne se déclarant pas battu, revient à
la charge et montre que lui aussi, comme M. Fayol, possède une
grande habitude d'observation qui est la seule et la vraie
méthode : étudiant par ce moyen un à un, tous les termes du

problème, on en forme un tout dont l'inconnue, c'est-à-dire la théorie du mode de formation, doit être dégagée et apparaître claire et précise aux yeux de tous.

Résumé de la théorie de M. Durand sur le mode de formation de la houille.

Pour M. Durand : « Les couches exploitées à Doyet se sont formées à une faible profondeur dans l'eau, sinon hors de l'eau, et il conclut que la théorie de M. Fayol n'est pas applicable au bassin de Doyet, du moins en ce qui concerne la formation des couches de houille. L'est-elle davantage à celui de Commentry ? Nous ne le pensons pas, » va-t-il jusqu'à dire.

Parmi les arguments de M. Durand, le plus puissant est le suivant :

« D'ailleurs les arbres debout, et en place, sont nombreux dans les interstratifications schisteuses des couches de houille de Commentry, et ce qu'on appelle *le banc des roseaux* nous parait être un des sols les plus fertiles de l'époque houillère. »

Il est en effet difficile de supposer un transport par eau courante pour former cette forêt fossile dans un même banc qui doit être un des meilleurs horizons de repère du bassin.

M. Durand aurait pu ajouter que les empreintes trouvées dans les toits de veine de tous les terrains houillers sont toujours étalées comme les gravures entre les feuillets d'un livre et ne sont jamais repliées, ce qui indique un grand calme pour les dépôts. Si les plantes venaient du dehors transportées par le courant d'un fleuve capable de faire tenir des arbustes debout dans ses eaux bourbeuses, comme M. Fayol l'a expérimenté pour des fougères dans un courant d'eau chargé de sédiments minéraux comme celui qui porte les sclamms, résultat du lavage des houilles, dans un bassin de dépôt, ne trouverait-on pas plus souvent dans les toits une empreinte de feuille de fougère repliée sur elle-même ? Je n'en n'ai jamais vu ; en supposant qu'il en existe, les seules feuilles tordues et chiffonnées ne se trouveraient que dans les interstratifications stériles amenées par des fleuves qui auraient bien pu recevoir en dehors du bassin une feuille roulée entraînée par le vent, mais ce serait l'exception.

Avec la théorie que je développerai plus loin, page 95, sur les arbres qu'on trouve debout dans les terrains houillers, le banc des roseaux de Commentry s'explique facilement et un peu différemment de M. Fayol qui fait arriver les arbres du dehors, puis flotter verticalement avant de descendre se fixer dans les roches stériles. La dernière partie de ce phénomène me paraît seule être exacte.

Les végétaux constitutifs de la houille, d'après MM. Fayol et Renault.

Dans le bulletin de Mars 1884, page 36 et suivantes, on trouve une communication de M. Fayol sur les végétaux constitutifs de la houille, suivie d'une note de M. Renault, le savant paléontologiste du muséum de Paris, laquelle note avait été lue à l'Académie des Sciences, par M. Duchartre, dans la séance du 20 Août 1883.

M. Fayol et M. Renault y développent des idées bien différentes de celles qui sont émises par M. Fremy « qui ne voit dans la houille qu'une matière bitumineuse et plastique » ; mais ensuite M. Fremy qui pense avec juste raison « que les végétaux se sont changés d'abord en tourbe avant de produire la houille et que cette transformation en houille était due à une sorte de fermentation, » voit « cette transformation détruire toute organisation végétale et, par une action secondaire due à la chaleur et à la pression, la houille se former ultérieurement aux dépens de la tourbe. »

MM. Fayol et Renault prouvent que la houille est une substance organisée ce dont, pour ma part, je n'ai jamais douté.

La conclusion de la note de M. Renault est à retenir.

Il résulte, dit M. Renault, « 1° Que dans beaucoup de cas la houille ne peut provenir que de la transformation *sur place* des éléments qui constituent les végétaux. »

« 2° Que le bois aussi bien que l'écorce a contribué à la formation de la houille. »

« 3° Qu'en se houillifiant les éléments organiques, cellules, trachéides, etc., ont diminué de grandeur sur toutes leurs dimensions, dans un rapport que l'on peut déterminer. »

L'étude approfondie des tourbières actuelles conduit aussi et jusqu'à l'évidence à admettre une transformation sur place des feuilles et du bois aussi bien que l'écorce en combustible aqueux.

Cette étude de M. Renault jettera une vive lumière sur la question car, avec ma théorie, la plus grande partie des plantes constitutives de la houille sont à la place où elles ont poussé et d'autres proviennent de la chute naturelle des feuilles et des arbres, tandis que les empreintes de plantes dans les schistes ou dans les grès, et même les arbres debout isolés dans les inter-stratifications stériles, sont des fossiles végétaux qui ne sont là qu'accidentellement, c'est-à-dire après avoir subi un certain transport entre deux eaux.

Restait la discussion entre M. Fayol et M. Durand, qui n'avait pas dit son dernier mot. Ces deux ingénieurs, deux camarades, deux amis, mais deux antagonistes sur le sujet qui nous occupe, se sont passionnés pour cette question du mode de formation des bassins houillers du centre de la France. Par leurs études, leurs expériences et leurs écrits, ils ont rendu de grands services à la science et à l'industrie.

C'est dans les termes suivants que M. Castel, ingénieur en chef des mines à Saint-Etienne et président de la Société de l'Industrie minérale, annonce à l'assemblée générale du 18 mai 1884, l'apparition d'un nouveau travail de M. Fayol :

« Je suis heureux de pouvoir vous annoncer, comme devant
» paraître dans nos dernières livraisons de 1884, un grand
» travail de M. Fayol sur le bassin de Commentry et sur la
» formation de la houille, qui sera accompagné d'études extrê-
» mement intéressantes sur la faune et la flore houillères, par
» MM. Renault, Zeiller, Carnot et Brongniart. C'est peut-être
» une indiscrétion que je commets ; mais j'espère qu'on me la
» pardonnera en raison de la bonne fortune que la chose nous
» promet, et que vous accueillerez certainement avec un grand
» plaisir. »

On voit combien est palpitante, en ce moment, la question de la formation de la houille.

Résumé de la théorie de M. Grand'Eury sur le mode de formation de la houille.

Un autre ingénieur, M. Grand'Eury, collègue et camarade aussi de MM. Fayol et Durand, comme je le suis moi-même, est le géologue qui, dans ces dernières années, s'est le plus occupé de la question ; aussi a-t-il pris dans le monde savant une très grande place, justement méritée, par la production de deux splendides ouvrages qui ont valu à leur auteur le prix Bordin à l'Académie des Sciences : l'un de ces ouvrages a pour titre « *La Flore carbonifère du département de la Loire et du centre de la France, 1877,* » il a été publié sous le haut patronage de l'Institut ; l'autre est intitulé « *Mémoire sur la formation de la houille* » ; il a paru dans les annales des mines 1re et 2e livraisons de 1882.

M. Grand'Eury donne sur le mode de formation de la houille l'explication résumée suivante : page 340 de la flore carbonifère, etc.

« Tout prouve, dit M. Grand'Eury, que les dépôts se sont
» ordinairement produits à une faible profondeur d'eau, alors
» que le fond était soumis à un abaissement lent et graduel qui
» a pu être interrompu de temps en temps par des arrêts et
» même par des récurrences. »

Plus loin, page 344, M. Grand'Eury dit encore « Tout indique
» que les couches de houille sont des dépôts produits par les
» eaux courantes, d'écorces et de feuilles disposées *horizontale-*
» *ment* et empilées les unes sur les autres. »

Plus tard, le même auteur a reconnu qu'il avait été trop exclusif et il a rectifié cette assertion en ajoutant qu'il y avait, dans la houille, « une matière charbonneuse plus ou moins terne
» qui servait de liant aux écorces et aux feuilles. » (Mémoire sur la formation de la houille, page 41). Sauf le mot horizontalement, c'est aussi ce que dit M. Fayol.

Avec la théorie de M. Grand'Eury ou celle de M. Fayol, telles que nous venons de les résumer, comment expliquer, autrement que d'une façon imaginaire, la composition des murs

de presque toutes les veines de charbon du bassin franco-belge,
constante 99 fois sur 100 pour la plus mince veinule comme
pour la veine la plus puissante?

Pourquoi dans ces murs, dont l'ensemble sur une même verticale de terrains en place forme comme le registre de naissance
des veines de ce bassin, trouve-t-on des racines et des radicelles
répandues, sur une épaisseur de 0^{m}80 à 1 mètre en moyenne,
quelquefois plus, avec une régularité aussi grande, sinon plus
grande, que celle de la veine elle-même? Ce n'est pas là l'effet
du hasard mais souvent d'une nécessité. Comment expliquer
aussi, dans ce bassin, la disposition des veines en lits de charbon
séparés par des lits de schistes plus ou moins charbonneux dont
l'épaisseur s'exprime en centimètres et d'une telle régularité,
généralement, que nous traçons au tire-ligne ces divers lits sur
les coupes des travaux des puits d'exploitation, régularité que
des masses végétales charriées par les eaux ne sauraient jamais
réaliser?

M. Grand'Eury lui-même, malgré sa compétence reconnue
par tout le monde, est assez embarrassé pour expliquer les observations ci-dessus, et cet embarras perce dans les dernières
phrases de son premier volume sur la flore carbonifère, etc.,
où il dit que « les choses ont dû se passer différemment de ce
» que nous voyons aujourd'hui pendant la phase anthracitique
» de la terre. »

La fin du second volume indique encore la même disposition
d'esprit : « Tout concourt donc à établir que le passé que nous
» cherchons à faire revivre est, dans la mesure des changements
» géologiques, aussi différent du présent qu'il en est éloigné. »

Je pense, au contraire, que si le passé n'est plus en notre puissance, le présent qui nous appartient, doit nous montrer les
mêmes causes, moins énergiques peut-être; mais c'est dans
l'étude du connu du présent, c'est-à-dire des phénomènes actuels,
que nous pourrons expliquer l'inconnu du passé et trouver le
mode de formation de la houille. Nos hypothèses seront du reste
toujours vérifiables par l'expérience.

On est véritablement saisi d'admiration devant la somme de
travail qu'a dû dépenser M. Grand'Eury pour recueillir les
observations qu'il a faites et pour les rassembler dans des
ouvrages qui sont de véritables monuments scientifiques.

Il m'a fallu la conviction profonde que tous les botanistes et tous les géologues, depuis Antoine de Jussieu jusqu'à M. Grand'Eury, expliquaient d'une façon un peu trop artificielle le mode de formation de la houille, pour que je me misse à chercher une théorie différente, beaucoup plus simple et plus en rapport avec les effets habituels des phénomènes atmosphériques.

Avec la théorie de M. Grand'Eury, il faudrait pouvoir commander aux éléments une docilité qu'on ne rencontrait pas plus à l'époque houillère que de nos jours ; mais, je me fais un devoir de reconnaître que M. Grand'Eury a, en véritable continuateur de l'œuvre d'Adolphe Brongniart, plus que tout autre savant, « jalonné la route qui conduira, comme il le dit, de proche en » proche, à l'expression de la vérité sur ce difficile problème de » géologie.

Les études de botanique fossile qu'a faites M. Grand'Eury, l'ont conduit à démontrer « que les forêts carbonifères étaient » exclusivement marécageuses et aquatiques. » Pl. I, fig. 4. Mes études me conduisent aussi à cette même conclusion, mais j'ajoute un mot et je dis : que les forêts carbonifères étaient exclusivement marécageuses, aquatiques et *flottantes* Pl. VII, page 77. Sans cette dernière condition, comment la forêt marécageuse et aquatique, telle que la représente M. Grand'Eury Pl. I, fig. 4, aurait-elle pu toujours être baignée par l'eau douce, c'est incompatible avec l'abaissement lent et graduel du fond du bassin ; c'était difficile étant donné la grande évaporation naturelle de l'humidité du sol pendant l'époque houillère. Cette forêt était donc exposée à des dessèchements périodiques sur les surfaces légèrement inclinées des bords des bassins peu propres à la végétation de plantes dont la très grande humidité du sol était une condition *sine qua non* de vie.

Je tiens compte aussi dans mes études pour la détermination des inconnues du difficile problème, d'un facteur important : *Le vent*, presque négligé par M. Grand'Eury. C'est cependant le vent qui, périodiquement, faisait table rase des forêts houillères, qui a mutilé les organes des plantes, les a fragmentés, désunis et dispersés, partageant les écorces en lambeaux, déchirant les sigillaires suivant leurs lignes faibles qui séparent les côtes verticales, ouvrant les calamites, empêchant ainsi dans le bassin franco-belge d'y trouver même une feuille entière de fougère à l'état fossile.

Les géologues de la région du Nord se sont moins occupés de la question du mode de formation de la houille. Je vais citer l'opinion des plus éminents d'entre eux.

Opinion de M. Charles Barrois sur le mode de formation de la houille.

M. Charles Barrois, dans la séance du 6 Avril 1874 de la Société Géologique de France, dit :

« Les caractères pétrographiques du terrain houiller sont d'une
» constance très remarquable : il est partout formé par des
» alternances de couches de schistes et de grès, entre lesquelles
» se trouvent des veines de houille. On attribue généralement
» cette composition à une suite d'oscillations de l'écorce ter-
» restre ; pendant les périodes d'émersion le sol était couvert
» de nombreux végétaux, dont les débris en s'accumulant for-
» maient la houille, pendant les périodes d'abaissement des
» dépôts de sables et d'argiles étaient les suites de l'immersion
» du sol. »

M. Barrois n'admet pas, comme le croient MM. Grand'Eury et Fayol, que les végétaux viennent du dehors.

Opinion de M. J. Gosselet sur ce même sujet.

Quelques mois après, M. J. Gosselet, dans le discours qu'il a prononcé, le 28 août 1874, sur les progrès de la géologie dans le Nord à l'Association française pour l'avancement des sciences, dit :

« Je n'ai pas fini avec le terrain houiller ; son origine a donné
» lieu à de nombreuses hypothèses. Tandis que les uns y voient
» d'anciennes tourbières, d'autres admettent que ce sont des
» bois flottés, une troisième hypothèse suppose que la mer
» envahissait parfois les marécages où se produisait la houille. »

Deux années plus tard, en 1876, M. Gosselet dans son excellent cours élémentaire de géologie, page 102, se prononce davantage sur la formation de la houille. Il s'exprime comme suit :

« La houille a dû se former dans des vallées marécageuses » couvertes d'une végétation luxuriante. Des arbres à croissance » rapide s'y enchevêtraient en formant une forêt inextricable, » puis s'affaissaient pour faire place à des pousses plus jeunes. » Tous ces débris s'accumulaient sur un sol imprégné d'humidité » que venaient souvent recouvrir des eaux d'inondations. Ils s'y » carbonisaient lentement à l'abri du contact de l'air. »

(M. Gosselet n'admet donc pas non plus que les végétaux viennent du dehors).

« Dans le Sud du Yorkshire, en Angleterre, on a trouvé une » de ces anciennes forêts de sigillaria encore en place. Les » racines ou stigmaria sont disposées horizontalement dans une » couche de schiste terreux analogue à l'argile, elles adhèrent » encore à la base des tiges qui ont été rompues à la base, mais » dont on retrouve les troncs dans les grès qui surmontent la » couche argileuse. L'administration de la mine a fait établir » quelques constructions pour conserver les restes de cette » antique forêt. De tels faits sont fréquents dans les gîtes houil- » lers du Nord de la France, mais ils ont été moins bien » observés. »

Avec ma théorie, j'expliquerai plus loin, page 108, le mode de formation de cette forêt dont les racines n'ont rien de commun avec les stigmaria quoique le veuillent ainsi MM. Adolphe Brongniart, Goëppert et Grand'Eury.

Extrait de mon Étude sur le terrain houiller de Dourges.

Enfin pour compléter et terminer l'historique de cette belle question, je rappellerai ce que j'écrivais en 1872. c'est-à-dire plusieurs années antérieures aux travaux que je viens d'analyser, dans mon Étude sur le terrain houiller de Dourges, page 9 et suivantes, dans un chapitre ayant pour titre :

*Rapports entre les plantes de l'époque houillère et les différentes natures
de charbon.*

« Si l'on connaissait la superposition naturelle des couches de
» houille du bassin du Pas-de-Calais, les distances moyennes
» normales qui existent entre elles, la nature et l'épaisseur
» des couches de schistes et de grès qui les séparent, et les
» nombreuses empreintes de végétaux rencontrés dans chaque
» couche, on aurait les éléments d'une étude complète de ce
» bassin et l'on connaîtrait peut-être une des causes qui rendent
» les houilles de plus en plus maigres, selon qu'elles sont plus
» rapprochées du centre de la terre.

» Cette richesse, plus ou moins grande en matières volatiles,
» peut dépendre de la nature des végétaux constitutifs de cette
» houille tout aussi bien que des effets produits par la chaleur
» centrale du globe terrestre. Du reste, si la loi est vraie pour
» des couches éloignées, elle n'est pas toujours exacte pour des
» couches rapprochées ; on reconnaît même de grandes varia-
» tions dans une même couche depuis qu'on a pu suivre une
» veine sur une grande longueur. Les couches grasses de Bascoup
» et de Sars-Lonchamps en Belgique sont maigres à Fresnes et
» à Bernissart. Les couches du Grand-Condé, N° 2 de la conces-
» sion de Lens, exploitées aussi à la fosse Saint-Louis, N° 4 de
» la même Compagnie, sont plus grasses à cette dernière fosse.
» Aux mines de Dourges, la classification ordinaire s'y vérifie
» dans les conditions les plus générales ; mais, si l'analyse des
» charbons de chaque veine était faite avec beaucoup de précau-
» tion, on rencontrerait sans doute quelques anomalies.

» Il est donc possible d'admettre que les plantes de même
» nature n'entraient pas sur toute la surface en formation houil-
» lère, dans la même proportion.

» Dans la couche de houille, les végétaux qui l'ont formée,
» sont non seulement décomposés de nature, mais aussi de formes
» et il ne reste aucun vestige de végétal visible à l'œil nu ; mais
» dans ce qu'on appelle le *toit* de la couche, c'est-à-dire la
» couche de schistes ou de grès qui recouvre immédiatement la
» veine quand celle-ci est en position naturelle, on trouve de

» magnifiques empreintes ayant conservé les formes des végé-
» taux qui ont crû immédiatement après la formation de la
» couche de charbon et qui, s'ils ne sont pas ceux qui l'ont
» formée, ont du moins des rapports intimes avec eux et se
» développaient dans les mêmes conditions climatériques.

» Ce sont ces végétaux que l'on peut étudier et classer par
» ordre d'ancienneté. J'ai remarqué que chaque couche a ses
» empreintes à elle propres, ou du moins certaines empreintes
» sont dominantes dans chaque couche et on les retrouve plus
» souvent que d'autres.

» Je vais essayer ce travail pour ce qui concerne les mines
» de Dourges ; il y a déjà dans ces mines 750 mètres de terrain
» houiller connu, comprenant 80 couches de houille de toute épais-
» seur, depuis un centimètre jusqu'à 1ᵐ,50. J'ai recueilli soixante
» espèces d'empreintes de végétaux provenant des principales
» veines ; si toutes les Compagnies du Pas-de-Calais avaient
» recueilli les empreintes des toits des veines, on aurait peut-
» être aujourd'hui mille échantillons, de quoi former une classi-
» fication presque complète.

» Il y a dans les empreintes des toits de veines, un caractère
» important pour relier une série de couches d'une fosse avec
» les couches d'une fosse éloignée ; ce caractère vient en aide
» aux renseignements tirés de l'analyse des charbons des veines
» et de la nature des terrains interposés. Les renseignements
» fournis par les empreintes sont aussi sérieux que les autres et
» ils m'ont été d'un grand secours pour relier les veines des
» deux fosses de la compagnie des mines de Dourges.

» L'étude des empreintes ne permet pas seulement d'affirmer
» en toute certitude l'origine végétale de la houille ; elle autorise
» à reconstituer par la pensée le monde disparu de cette période
» si importante.

» Les quatre-vingts couches de houille du terrain houiller
» reconnu par les deux fosses de Dourges, donnent quatre-vingts
» couches à empreintes qui forment les toits ; ces couches sont
» comme quatre-vingts pages d'un livre où, sur chacune, est
» inscrite l'histoire des êtres végétaux qui ornaient la nature
» de cette belle époque géologique et qui se succédaient après
» chaque nouvelle formation d'une couche de charbon. On n'a
» qu'à lire, les lettres sont ici des arbres et des feuilles à l'état de

» momies, conservant avec une pureté qu'un artiste ne saurait
» rendre, les moindres détails d'organisation. Le tissu cellulaire
» peut être étudié tout aussi bien que sur une plante vivante et la
» photographie qui reproduirait des feuilles, ne ferait pas mieux
» que ce qu'a fait la nature.

» Ces schistes si durs à travailler pour le percement des
» galeries étaient, à cette époque, à l'état de boue formée d'une
» argile noire à grain très fin, qui se prêtait parfaitement pour
» modeler les végétaux dans leurs moindres détails ; la feuille
» nageait à la surface de l'eau, s'étalait, puis descendait lentement
» au fond du lac ; ou bien, l'évaporation de toute l'eau déposait
» naturellement la feuille ou l'arbre sur le fond vaseux , puis une
» nouvelle couche de boue argileuse amenée par les eaux, enfer-
» mait pour des siècles ce témoin de la nature de cette époque.

» Ainsi donc, à une époque très reculée, et pendant des milliers
» d'années, des arbres grandioses et des plantes marécageuses
» ont crû à Hénin-Liétard, aujourd'hui le centre des exploitations
» des mines de Dourges et y ont formé le charbon qui sort actuel-
» lement des entrailles de la terre par les deux puits établis à
» l'Est et au Sud de la ville. Et, ce qui est le plus surprenant,
» c'est qu'il soit possible de venir donner la suite des arbres qui
» se sont succédé sur cette terre et dont nous retrouvons les
» cadavres avec autant de certitude que le cultivateur qui inscri-
» rait sur un livre ce que chaque année il a semé dans son
» champ.

» Il n'y a plus de doute aujourd'hui ; le morceau de houille
» avant d'être charbon a été arbre, avant d'être inerte a vécu, et
» ses débris, vieux de millions d'années, se retrouvent jusqu'à
» quinze cents mètres de profondeur dans la terre.

» Pour former tout le charbon du terrain houiller qui, aux
» mines de Dourges, est déjà d'une trentaine de mètres d'épais-
» seur en superposant toutes les veines, comme nous le verrons
» plus loin, il a fallu un grand nombre d'années: car, si une
» veinule de quelques centimètres a pu être formée par une seule
» végétation, il n'en est pas de même pour une veine exploitable
» qui a exigé un très grand nombre de fois végétation sur végé-
» tation. *La régularité d'épaisseur ne permet pas de supposer*
» *que les plantes soient venues du dehors, car elles formeraient*
» *çà et là des amas.* Si par hasard, on rencontre dans l'exploitation

» d'une veine une partie ayant une épaisseur supérieure à
» l'épaisseur moyenne, elle fait toujours suite à une partie
» amincie ; cette augmentation d'épaisseur peut donc s'expliquer
» par un déplacement du charbon par une cause quelconque.

» Les preuves sont donc évidentes que la formation houillère
» a été de longue durée ; il est de plus certain qu'elle eut lieu
» pendant une période très calme ; ce que démontre la régularité
» de la stratification, puisque souvent sur une longueur de un
» kilomètre il n'y a , entre deux veines, que quelques mètres
» de différence de distance. »

Je n'ai guère aujourd'hui à retrancher de ce que j'écrivais il y
a treize ans (en 1872) : j'affirmais alors mes convictions sur l'origine végétale de la houille, sur sa formation presque sur place,
puisque je disais que « *la régularité d'épaisseur ne permet pas
de supposer que les plantes soient venues du dehors.* » C'est absolument le contraire de ce qu'admettent M. Grand'Eury dans les
deux beaux ouvrages déjà cités et M. Fayol dans les travaux qu'il
a fait paraître jusqu'ici et qu'il admettra sans doute encore dans
le travail important annoncé par M. Castel ; mais je gardais le
silence sur les oscillations intermittentes du sol ou sur un abaissement lent et graduel des fonds du bassin. Je n'expliquais pas
comment les couches houillères sont à des niveaux différents
dans la formation, tout en restant sensiblement parallèles entre
elles, parce que je ne savais quelle explication donner, ne voulant
pas employer des hypothèses connues alors et qui me semblaient
trop choisies pour les besoins de la cause.

Et pourtant, combien de fois aux mines de Dourges, après avoir
terminé ma visite des travaux souterrains, ne suis-je pas retourné
dans une galerie d'exploitation, jusqu'au front de taille ; et là,
assis sur une pierre ou sur les talons, à la manière des mineurs,
seul, ayant devant moi une veine avec son mur et son toit mis à
découvert par l'exhaussement de la galerie ; je constatais avec
une attention toujours nouvelle que ce toit charbonneux sur la
veine devenait de moins en moins noir en s'éloignant d'elle. Au ciel
de cette galerie, à une distance de 0^m40 à 0^m50 de la veine en
place, s'étalaient les plus belles empreintes. Je restais là assez
longtemps tenant mon esprit dans une alternative continuelle
d'observation et d'admiration , promenant ma lampe à feu libre
tout autour de moi, la mine étant bien aérée et pas grisouteuse,

et je me demandais pourquoi, presque toujours, il y avait un arrangement type qui se renouvelait pour chaque veine : *Mur* en gros bancs de schiste compacte à cassure irrégulière traversé de radicelles de stigmaria, retenant quelquefois dans leurs mailles des parcelles de plantes fossiles ; *charbon* pur de mélange terreux ; *toit* feuilleté ou rubanné.

D'autres fois pour échapper aux importuns, je m'égarais volontiers, mais sans commettre d'imprudence, dans des galeries provisoirement arrêtées, sur le sol desquelles étaient tombées, naturellement, du toit de la veine, de longues plaques de schiste dont quelques-unes avaient plus de un mètre carré de surface. Il y en avait qui, avec les empreintes délicates qui s'étalaient à la vue, ressemblaient à une planche d'imprimerie qui sert au tirage de dessins délicats. Quel cabinet de travail ! Mon émotion devant toutes ces merveilles était alors accompagnée d'un regret : C'était mon peu de connaissances en botanique et en paléontologie végétale. Je souriais cependant en pensant qu'en Allemagne, il y a quelques siècles, il courait sur ces restes fossiles de vieilles légendes, on y voyait des dessins tracés par les génies du monde souterrain, Nickel et Kobolt, avant d'entasser les roches les unes sur les autres.

Dans cette solitude et ce silence incomparables, à 2 ou 300 mètres sous terre, sans que personne ne s'interposât entre la nature et moi, cette étude sur place avait un attrait indéfinissable. C'était l'idéal du recueillement nécessaire à la découverte de quelques-uns des phénomènes anciens auxquels aucun être humain n'assistait. J'interrogeais la stratigraphie dans ses moindres détails; et, remonté au jour, j'étalais les coupes des terrains à grande échelle que j'avais relevées aussi minutieusement que des croquis de machine ; puis, je déroulais les coupes et les plans d'ensemble des travaux d'exploitation que j'avais cotés de 100 mètres en 100 mètres, longitudinalement et transversalement, afin de pouvoir faire facilement des coupes Nord-Sud et Est-Ouest à des distances rapprochées, pour signaler les exceptions à ce que, par à peu près, nous appelons le parallélisme général, et la réponse à toutes mes interrogations ne venait jamais.

Je dessinais aussi dans tous leurs détails, pour fixer leur image dans ma mémoire, les empreintes sur lesquelles j'étudiais et que j'avais recueillies moi-même, sur place, pour ne pas conclure à faux en ramassant des empreintes sur les *terris* des fosses et s'exposer à assigner le même âge à des plantes séparées par plusieurs centaines de mètres de formations sédimentaires, comme l'a fait M. l'abbé Boulay, professeur à la faculté catholique de Lille, dans son travail de 1876 : « Le terrain houiller du Nord de la France et ses végétaux fossiles. » Car, quels sont les travaux du fond qui fournissent principalement les déblais qui sont remontés à la surface ? Là où les veines assez puissantes peuvent recevoir comme remblais les déblais des galeries de roulage, celles-ci ne livrent au terri du jour ni schistes de toit, ni schistes de mur. Les veines peu épaisses, de 0^m40 à 0^m50, seules, en livrent une partie pour l'exhaussement des voies principales de roulage ; mais, généralement, les déblais qui forment ces énormes tas que l'on voit près des puits de mine, proviennent des nombreux travaux de recherches, les uns à travers bancs, les autres en direction dans les parties tourmentées du gisement, à tous les étages d'exploitation et aux quatre points cardinaux de la mine.

En 1878, pour ses recherches de paléontologie végétale dans la concession de Bully-Grenay, le même auteur est descendu 5 à 6 fois dans chaque puits, ce qui donne plus de valeur à ce second travail.

Malgré les faibles résultats que j'ai obtenus alors, je ne me suis pas découragé d'interroger le grand livre de la nature avec son laboratoire terrestre à la disposition gratuite de tout le monde et ses collections souterraines. Ce sont les moyens d'études que je préférais et si je le rappelle, c'est pour faire voir le parti qu'on peut tirer pour s'instruire seul et contrôler tout ce qui a été écrit par les savants sur les sciences naturelles.

Je dirai même que dans ce champ immense tout prête à réflexion ; tout est extraordinaire ; tout est digne d'attention et d'étude, et les yeux sont constamment ravis ; on y travaille sans fatigue ; on y éprouve souvent un sentiment de bien-être et une admiration sans bornes pour tous les phénomènes naturels, car à contempler la nature qui révèle toujours quelques-uns de ses secrets à ceux qui savent l'interroger, tout est science vraie et poésie.

C'est ainsi que je crois avoir trouvé une réponse satisfaisante : je l'appelle *étude sur le mode de formation de la houille du bassin franco-belge*. (Théorie nouvelle). Comme je l'ai dit dans la préface , cette théorie a , sur toutes celles connues jusqu'ici l'avantage d'expliquer facilement tous les faits d'observations locaux et de détails connus dans ce bassin ; ce qui est d'une importance capitale pour les exploitants , car la direction des travaux de recherches dépend beaucoup d'une connaissance exacte du mode de formation du bassin houiller.

Aperçu sommaire de la théorie nouvelle.

Pour moi donc, loin de voir des oscillations du sol des bassins houillers se produisant par intervalles, ou un abaissement lent et graduel qui ferait descendre aussi le plan d'eau et draînerait jusqu'au dessèchement complet le sol des forêts marécageuses voisines des bassins, je ne vois qu'un seul abaissement important du sol et peut-être quelques faibles mouvements secondaires pendant la formation, mais le principal abaissement s'est produit entre la fin de l'époque de l'étage carbonifère inférieur et le commencement de l'époque houillère (étage carbonifère moyen). Une grande cuvette s'est formée, un bassin a été créé, il a modifié les conditions orographiques et hydrographiques du pays et rendu possible la formation houillère qui n'aurait pu avoir lieu sans cette préparation et cet isolement avec la mer.

Le point le plus bas de ce bassin a reçu par les eaux courantes les premiers sédiments houillers, et sur ceux-ci est descendue de la surface de l'eau tranquille la première couche de charbon, mais une fois la formation houillère commencée, je ne peux plus trouver dans l'étude des travaux d'exploitation d'autres mouvements importants du sol pendant toute la durée de la formation. Nous sommes entrés dans une véritable période de tranquillité de l'écorce terrestre. Toutes les couches de houille ont pu ainsi se déposer suivant des horizons à peu près parallèles, de plus en plus étendus et sensiblement horizontaux.

Les partisans des mouvements oscillatoires ou des mouvements lents et graduels sont obligés de reconnaître ce parallélisme, qui ne peut cependant pas s'accorder avec leur théorie.

Pour moi aussi, loin de voir des intermittences complètes dans la végétation de l'époque houillère, je vois, depuis le commencement de cette époque jusqu'à la fin, une végétation continue ou peu intermittente à la surface d'une eau douce, presque tranquille, comme celle des lacs non traversés par des fleuves, c'est-à-dire sans écoulement : végétation lente au début pour des causes diverses : telles que la nature saumâtre de l'eau et sa température trop élevée, mais très active à la fin, prenant dans l'air toutes les matières qu'elle devait s'assimiler et trouvant dans l'eau le complément nécessaire à sa nutrition, de même qu'après leur chute les plantes trouvaient à la surface de cette même eau des conditions favorables à la production d'une substance indispensable, l'acide ulmique ; cette végétation était une véritable tourbière flottante qui avait acquis à la fin de l'époque houillère une immense étendue, dépassant en longueur la distance du détroit du Pas-de-Calais à la Prusse rhénane et dépassant aussi en largeur celle que nous donnent les limites Nord et Sud actuelles du riche bassin houiller franco-belge.

Pour montrer l'indispensabilité de l'eau pour les plantes houillères, les stigmariées étaient tellement aquatiques, qu'elles n'auraient pu quitter l'eau douce sans être immédiatement flétries ; aussi n'étaient-elles fortement vivaces et douées d'un pouvoir reproducteur extraordinaire qu'à la condition d'avoir constamment les racines dans l'eau. Quant aux autres plantes houillères, elles étaient aériennes, mais comme le dattier et le palmier des régions chaudes de l'Afrique, pour vivre et acquérir les dimensions colossales que nous montrent leurs débris fossiles, il fallait qu'elles eussent selon le mot arabe, « le pied dans l'eau et la tête dans le feu. »

C'est que le soleil, si ardent qu'il soit, et précisément parce qu'il est trop ardent, ne suffit pas au développement de la vie, il faut en outre les éléments matériels des êtres vivants et en premier lieu l'eau. La grande sécheresse eût produit alors l'effet des grands froids sur les végétaux actuels de notre région, elle les eût tués.

Nudité des rivages siluriens pendant l'époque houillère.

Les rivages siluriens qui formaient les collines encaissantes du bassin franco-belge, avaient sans doute toujours dû présenter aux époques dévoniennes et carbonifères, c'est-à-dire avant comme pendant l'époque houillère une aridité presque complète, comme celle actuelle des déserts du Sahara, calcinés par le soleil et desséchés par les vents, puisque sur ces rivages siluriens l'on ne retrouve nulle part de débris végétaux à leur séparation d'avec les roches dévoniennes qui les recouvrent. Ainsi exposées à l'air et à la pluie sans la moindre parure végétale, les roches des collines siluriennes étaient forcément vouées à la destruction. Aucune roche ne résiste à l'action prolongée de l'air justement appelé « la main du temps. »

Si ces collines siluriennes avaient été couvertes de végétation pendant l'époque houillère comme le sont, par exemple, les talus de déblai ou de remblai des voies ferrées, les plantes eussent retenu le sol, empêché sa dénudation et ralenti les dépôts sédimentaires dans le bassin houiller franco-belge, qui ne présenterait pas alors une si forte épaisseur de roches stériles, plus de 96 %, par rapport à l'épaisseur totale du terrain houiller. Tout au plus peut-on supposer que les sommets des collines ont pu recevoir une végétation, mais il n'en reste pas de témoins fossiles.

Pour les bassins primaires franco-belges, nous disons donc, que pas plus sur le rivage silurien Nord du Brabant que sur le rivage silurien Sud du Condros, on ne retrouve la trace d'aucune végétation, ni dévonienne, ni carbonifère, ni houillère. L'aridité et la nudité devaient être presque complètes. Les vents chauds avaient sur les roches détériorées par les pluies, une action facile.

Tous les lacs d'eau douce pouvaient avoir une végétation flottante à leur surface.

J'arrive ainsi à ne pas croire que les plantes houillères couvraient la terre comme le veulent quelques géologues, et à généraliser, au contraire, cette idée que des plantes houillères pouvaient couvrir la surface de tous les lacs d'eau douce et y participer à la formation d'un bassin houiller. Seulement cette formation se divise en deux parties comme nous l'avons déjà dit : 1° L'une, végétale, à l'air et sur l'eau tranquille et insalubre ne pouvant nourrir que des cryptogames, qui n'a pas eu peut-être de discontinuité ; 2° l'autre, sédimentaire, par des eaux courantes se rendant dans l'eau tranquille du bassin et tout à fait dépendante des pluies de cette époque.

Les végétaux n'arrivaient au fond, en masse et en couche d'épaisseur souvent uniforme, prendre place dans le bassin, que sous l'influence de la pesanteur, ce qui fait que la houille n'est pas une roche sédimentaire, au même titre que les autres roches qui sont les sables et les argiles devenus des grès et des schistes par la pression jointe à la nature des eaux de recouvrement : ces dernières roches arrivaient à la façon des boues dans certains lacs actuels qui reçoivent l'eau de plusieurs rivières sans qu'il en sorte aucun cours d'eau. Ces lacs finiront par se combler. Citons comme exemples : le lac Tchad, grand lac de l'Afrique centrale dans le Soudan, ayant 350 kil. de l'Est à l'Ouest et 50 kil. dans sa plus grande largeur du Nord au Sud ; le lac Chucuito ou Titicaca de la Bolivie (Amérique du Sud).

Expériences préliminaires pour comprendre la formation houillère.

En faisant quelques expériences et des observations simples à la portée de tout le monde, on verra combien est facile à comprendre la formation houillère, en la comparant aux phénomènes actuels qui se passent de nos jours, je dirai même à chaque instant sous nos yeux, sans qu'il soit nécessaire de faire intervenir de puissantes actions de transport par des fleuves ou de grandes inondations. Ainsi la végétation de l'époque houillère n'avait pas de plus grande ennemie que l'eau de mer ; il suffit encore aujourd'hui pour faire l'expérience en petit d'arroser une fougère, un lycopode ou un prèle avec l'eau de l'océan pour tuer ces plantes en quelques jours ; ces derniers représentants de quelques familles végétales de l'époque houillère ne comportent donc essentiellement que l'eau douce.

Dans les prés arrosés par la mer, la végétation est courte et il ne se trouve aucune plante appartenant aux familles qui avaient leurs représentants à l'époque houillère.

Lorsque la mer envahit le territoire de Calais par le bassin des chasses, les jardins ne sont plus cultivables pendant plusieurs années ; cependant, lorsque des géologues parlent pour le bassin houiller franco-belge d'une formation littorale, ils font intervenir

la mer périodiquement, c'est-à-dire qu'ils font détruire entièrement la végétation terrestre et ils attendent qu'il s'en forme une
autre sans indiquer comment ils font disparaître l'eau de mer.
Pour chaque couche de houille il y aurait eu soulèvement et
abaissement. C'est presque forcer chaque fois le Créateur à
recommencer son œuvre.

On ne peut cependant pas supposer que l'eau des mers de cette
époque n'était pas salée comme celle des mers actuelles ; car alors
elle n'aurait pu avoir une action nuisible, destructive même sur
les plantes houillères. Les recherches de M. Roger Laloy ont
démontré la salure des eaux du terrain houiller franco-belge.
Et les mots « fossiles marins » employés par les paléontologistes,
quel sens auraient-ils ?

A l'époque houillère, la solidification de la croûte terrestre
était déjà fort ancienne, les eaux pluviales avaient bien souvent
lavé sa surface et servi de véhicule aux sédiments, en gardant
la plus grande partie des matières solubles non volatiles qui
entrent aujourd'hui dans la composition de l'eau de mer : chlo-
rures de sodium, de potassium et de magnésium, sulfates de
magnésie, de chaux, carbonate de chaux, bromure de potassium.
Sur 1000 grammes d'eau de mer, ces matières entrent pour 35
grammes environ.

Une autre expérience consiste à placer au fond d'une cuvette
très évasée, à moitié remplie d'eau de mer, des mollusques marins
vivants (moules, vignots, cardium edule, etc.) et un peu de sable ;
à remplir ensuite la cuvette avec de l'eau douce qui ne se mélange
pas avec l'eau de mer à cause de la différence de densité ; à
mettre enfin à la surface de l'eau une plante aquatique d'eau
douce et sur les bords mouillés des mollusques d'eau douce
(planorbes, limnées, moules d'eau douce). Dans ces conditions,
les animaux marins et les plantes ainsi que les animaux d'eau
douce peuvent parfaitement vivre superposés à ces niveaux
différents.

C'est sur cette expérience que nous nous appuierons pour
expliquer l'origine des fossiles marins qu'on trouve dans le terrain
houiller franco-belge, où l'eau du fond du lac était d'origine
marine, tandis que l'eau superficielle était douce comme l'eau de
pluie qui était du reste la seule eau d'alimentation du bassin du
commencement à la fin de l'époque houillère.

Questions posées à MM. Fayol et Grand'Eury.

Quand M. Fayol dit, pour expliquer le mode de formation du bassin houiller de Commentry, « que les plantes sont venues du dehors charriées par les eaux, » il faudrait d'abord pouvoir retrouver la position géographique de ces dehors. Le centre de la France était plus aride encore que le Nord ; ce n'était que des roches granitiques qui émergeaient et qui pouvaient fournir abondamment des éléments pour constituer les terrains sédimentaires des bassins houillers, principalement des grès, des poudingues et des conglomérats, peu de schistes, mais ces roches granitiques n'ont pas conservé sur leur surface, absolument comme le terrain silurien du Nord de la France, la moindre trace d'une végétation la plus rudimentaire. Or, les plantes houillères avaient pour la plupart la taille élevée et les parties foliacées prédominantes, elles n'ont pu croître que sur un sol riche, ombragé et humide.

Nous sommes dans le même embarras avec la théorie de M. Grand'Eury pour les forêts marécageuses qui se trouvaient à la frontière des bassins ; ces forêts marécageuses restent pour nous absolument hypothétiques, car on ne retrouve aucune trace de leur ancien séjour autour des bassins houillers du centre de la France. Comment du reste ces forêts auraient-elles résisté à des dessèchements périodiques qui, comme nous l'avons déjà indiqué, devaient se produire après chaque abaissement du fond du bassin faisant descendre le niveau du plan d'eau.

La température de l'atmosphère à l'époque houillère devait être plus élevée que celle actuelle dans la mer des Antilles où l'évaporation de l'eau est d'environ 8 millimètres d'épaisseur par 24 heures, ou 24 centimètres par mois, ou près de 3 mètres par an ; soit 4 fois plus grande que l'épaisseur moyenne de pluie qui tombe annuellement en Europe à notre époque. Il aurait fallu que les pluies vinssent toujours à point sur ces surfaces inclinées. Or, pas d'eau pas de plantes. S'il y a des arbres pour tous les terrains, même les plus ingrats, aucun arbre ne peut se passer d'humidité ni de chaleur.

Dans les serres chaudes où l'atmosphère peut donner une idée

de celle de l'époque houillère, que deviendraient toutes les
plantes, si pendant quelques jours, le jardinier oubliait d'arroser.
Les fougères arborescentes de la serre du jardin d'acclimation
de Paris sont arrosées abondamment tous les deux jours.

On objectera les belles végétations actuelles de l'Afrique
centrale où elles forment l'ornement et l'abri des oasis, ces
paradis dans l'immensité brûlante des déserts; mais précisément,
ces oasis sont dans des cuvettes très évasées recevant les eaux
environnantes et les gardant pour elles, ou des eaux ascendantes
provenant de puits creusés ; mais que ces puits se comblent et
l'oasis ne présentera plus bientôt que la mort.

Avec ma théorie, la géographie des lieux de production de
la végétation nécessaire à la formation de la houille se recons-
titue facilement, puisqu'elle se superpose dans l'espace, avec
l'eau pour support, à la zone houillère franco-belge en exploitation.

Ce sol végétal flottant et ce milieu atmosphérique réalisaient
bien les conditions nécessaires au genre de vie des plantes houillères et à leur transformation en tourbe sur place, avec la
déperdition la plus faible possible. Il n'y a pas jusqu'à l'azote que
recèlent toutes les substances végétales, qui ne fût conservé
entièrement par cet enfouissement des plantes, et qui ne servît
d'engrais, si on ne trouve pas l'expression trop peu scientifique,
pour activer la végétation suivante, absolument comme actuellement, pour améliorer quelquefois le sol, on fait croître certaine
végétation qu'on enterre toute verte sur place.

Cet azote de l'époque houillère se retrouve dans la distillation
de la houille et forme les sels ammoniacaux qui enrichissent les
cultures.

DEUXIÈME PARTIE.

———

ÉTUDE DES PHÉNOMÈNES ACTUELS.

Les grandes prairies marécageuses, les tourbières, ces houillères récentes, les flaques d'eau avec *végétation à la surface* ne
manquent pas dans les départements du Nord, du Pas-de-Calais
et de la Somme, et je n'ai eu que l'embarras du choix pour étudier
les phénomènes naturels de notre époque qui devaient me con-
duire à leur application à la formation houillère. J'ai choisi les
environs de Saint-Omer et, parmi eux, Clairmarais, village de
370 habitants, au milieu d'une contrée essentiellement marécageuse. Pl. II, fig. 1.

Les îles flottantes de Clairmarais.

Près de Clairmarais se voyait autrefois de petites îles flottantes
qui ont fini par se fixer. J'ai recueilli sur ces îles des renseignements fort curieux, écrits par M. Piers, ancien bibliothécaire de
Saint-Omer, à la fin de la restauration et au commencement du
règne suivant, de 1827 à 1838.

Je transcris ci-après l'historique qu'en a fait M. Piers, sans y
rien changer. Ce chapitre intéressant reposera le lecteur de la
peine qu'il aura eue à la lecture de la première partie et de celle
qu'il aura pour lire les parties suivantes.

LES ILES FLOTTANTES.

« Les îles flottantes entre Saint-Omer et Clairmarais, sont jus-
» tement célèbres dans l'histoire. Depuis plusieurs siècles, les

Fig. 1 *Carte de Clairmarais et des environs* (Échelle $\frac{1}{120000}$)

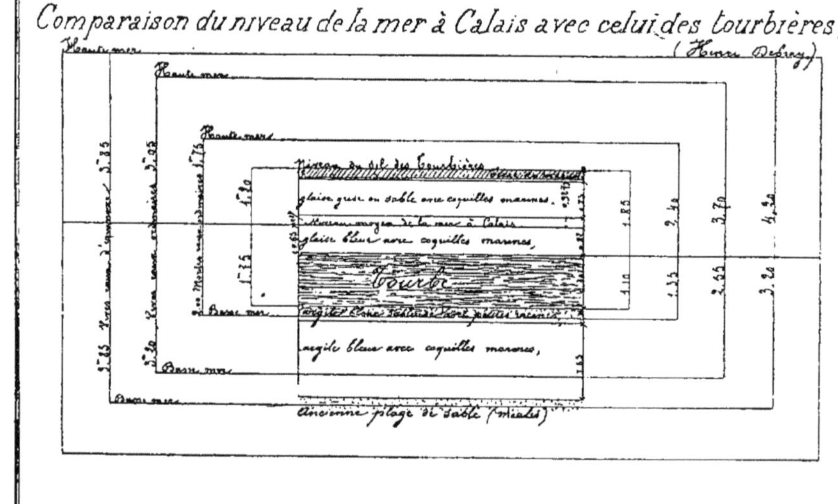

» géographes les ont signalées d'une manière toute particulière
» à l'attention publique.

» Près de là, on voit, dit Davily (1), un lac qui contient quelques
» petites îles, pleines d'herbes et d'arbrisseaux qu'on tire avec
» une corde que l'on y attache, et par ce moyen on mène ces îles
» où l'on veut avec le bétail qui y paît, chose non moins véritable
» que merveilleuse. »

« Cette autre petite description est tirée de Belleforest (2), qui
» laisse la décision aux philosophes. « S'il est possible que la
» terre, qui est un corps solide et pesant sur tout autre, puisse
» ainsi nager sur l'eau comme font ces pièces verdoyantes ; »
« et cependant le lac n'a de l'eau assez pour soutenir une si
» pesante masse de terre, observe Guicciardin (3), si bien que
» ces choses, quoique semblent être contre nature, si ne le sont-
» elles point...... ..... » et il rapporte les explications de Pline
» sur les îles mouvantes.

» Morini, Th. Corneille, de Lamartinière, ont aussi consacré
» quelques lignes aux îles flottantes de Saint-Omer. Divers autres
» écrivains avant et depuis 1789 ont ajouté à leur renommée, en
» les parcourant eux-mêmes d'un œil investigateur et en les men-
» tionnant dans leurs récits comme des objets d'une attrayante
» curiosité (4).

» D'après nos archives, en 1278, le marais situé entre le trou
» de la mer et la maison d'un certain Widoc, s'appelait *Vlote* ou
» terre flottante.

» Les îles flottantes étaient à une petite lieue Nord-Est de Saint-
» Omer (5), couvertes d'arbrisseaux grands et touffus, mais qu'on
» empêchait de s'élever assez pour donner trop de prise au vent ;
» leur aspect pittoresque procurait une vue très agréable, en
» sorte que l'on pouvait s'y reposer doucement à l'ombre et phi-
» losopher tout à son aise. Nos aïeux, ébahis les voyant manœu-
» vrer sur les eaux çà et là comme des bateaux dociles et chargés
» de curieux qui s'y livraient quelquefois aux ébattements d'un

(1) Les états, empires et principautés du monde. 1621, in-4°.
(2) La cosmographie universelle.
(3) Description de tous les Pays-Bas, 1582, in-folio. — Pline, Histoire
naturelle, l. 2. c. 95.
(4) Aubert-le-Mire. — Sanderus.
(5) Expilly (1764).

» repas champêtre, regrettaient qu'elles n'eussent pas été décou-
» vertes par les anciens, et les considéraient comme une huitième
» merveille du monde (1).

» On peut faire la conjecture que ces portions de terre auront
» pu être détachées par l'impétuosité des vents et liées ensuite
» par des racines de plantes et de roseaux. Les unes offraient
» des ronds fort réguliers, pouvant flotter avec plusieurs hommes ;
» les autres ressemblaient à des étoiles ou à des pattes d'oie,
» symétrisés par la nature, avec un intérieur orné de toutes
» sortes de verdure et d'arbres de plusieurs pouces de diamètre,
» rangés ou en berçeaux ou en espaliers (2). Toutefois, il n'y fai-
» sait point sûr partout, parce qu'il s'y rencontrait des ouvertures
» et des trous dans lesquels, si on y tombait, on pouvait périr,
» les viviers étant très profonds ; et les îlots n'ayant que 2 ou 3
» pieds d'épaisseur, l'amateur téméraire aurait facilement passé
» au travers sans pouvoir être secouru (3). Cependant ces îles,
» dont plusieurs avaient une longueur de cent mètres de super-
» ficie et que l'on pouvait comparer aux trains de bois flottants
» que la Seine voiture à Paris, ne s'enfonçaient jamais malgré la
» foule des promeneurs et le poids des bestiaux (4).

» Le poisson était très abondant (5) dans cette espèce d'archi-
» pelage dont la surface, formée par l'entrelacement des joncs et
» des plantes marines, ne tenait au sol que par des racines fila-
» menteuses, et voguait sur un fond humide et vaseux. En hiver,
» il se retirait sous ces types légers mais naturels de la mobile
» Délos, couverts d'un terreau spongieux (6), et pour le pêcher,
» les Hautponnais plaçaient un filet à côté, faisaient couler l'île
» dessus, et lorsqu'ils jugeaient que le poisson avait pu s'engager
» dans les mailles, ils repoussaient l'île à sa place et retiraient à
» eux le filet (7).

» On faisait ordinairement naviguer les îles flottantes pendant
» l'hiver, depuis la fête de St-Michel (29 septembre) jusqu'au

(1) Délices des Pays-Bas. Man. N° 810.
(2) Pélisson.
(3) Deneufville.
(4) Hennebert.
(5) Bertius.
(6) Allent.
(7) Lefebvre.

» mois de mai ; pendant l'été, elles étaient libres et détachées, et
» le vent les poussait tantôt d'un côté et tantôt d'un autre (1).

» Entre la ville de Saint-Omer et l'abbaye de Clairmarais, il y
» a des terres plantées d'arbres (comme tout ce quartier là est
» marécageux et plein de grands étangs), qui nagent sur l'eau et
» qu'on mène d'un lieu à l'autre (2). » Les étrangers qui venaient
» à Saint-Omer avaient la curiosité d'aller examiner ce jeu bizarre
» de la nature.

» Autrefois les gouverneurs des Pays-Bas ne manquaient pas
» de s'y rendre une fois au moins pendant la durée de leur admi-
» nistration. Charles-Quint et Philippe II, le cardinal Albert et
» le prince d'Orange, fils aîné du fameux Guillaume ; la princesse
» Isabelle, le prince de Condé, Don Juan d'Autriche et le duc
» d'York, depuis Jacques II, visitèrent les îles flottantes pendant
» leur séjour à Saint-Omer (3). Au moment où le cardinal Albert
» s'apprêtait à s'élancer de sa félouque, non sans quelque hésita-
» tion, un nautonier rustique et courbé sous le poids des années,
» chercha à le rassurer et lui adressa cette harangue naïve qui
» mérite d'être rapportée : « Baille ton main, Sire, ten père mé
» la ben baillée. » Le prince remercia en souriant ce brave vieil-
» lard de son éloquence fleurie et à l'exemple de Charles-Quint
» et de Philippe II, il vida galamment une bouteille de vin sur ce
» radeau chancelant.

» Isabelle ne montra pas moins d'intrépidité, et sous les yeux
» d'un entourage brillant, entraîné au sein des eaux, elle ne
» rejeta pas la coupe qui lui fut présentée (4).

» Pendant le siège de 1638, les Français firent un fort en dili-
» gence dans une petite île qui était entre le bac et Clairmarais,
» et à laquelle aboutissaient tous les canaux par lesquels les
» Espagnols étaient entrés (5).

» Après la soumission de notre cité aux armes victorieuses de
» la France, Louis XIV manifesta le désir de faire une prome-
» nade aux îles flottantes. Il y fut conduit avec toute sa cour par
» nos fidèles flamands. Arrivé au milieu du labyrinthe aquatique,

(1) Deneufville.
(2) Lepetit, chronique de Hollande 1601, in-folio.
(3) Deneufville.
(4) Dausque. — Chifflet.
(5) Mémoires de Richelieu.

» le grand roi s'apprêta à monter sur *la Princesse*, la plus belle
» de ces îles, de forme ronde, couverte de gros arbres coupés
» par les Espagnols pendant le siège (1), et qui avait douze pieds
» de circonférence sur quatre ou cinq d'épaisseur (2). Alors le
» sieur François Verbreck, Hautponnais, présenta la main à
» Sa Majesté pour mettre pied à terre, sans être intimidé par les
» gestes courroucés de plusieurs courtisans qui lui reprochaient
» son action hardie, quand le roi de France, d'un regard impé-
» rieux, imposa silence à ses insipides flatteurs et leur dit : « Ce
» sont mes enfants ! » Huit jours auparavant (le 23 avril 1677), le
» duc d'Orléans, son frère, le héros de Cassel, s'était livré de
» même au plaisir de cette navigation pleine de charme (3). Pen-
» dant le séjour de Louis XIV à Saint-Omer, les courtisans vou-
» lurent examiner à loisir les îles flottantes et descendirent sur
» deux de ces îles. *La Princesse* habitait alors dans un grand
» lac de la forme du canal de Versailles. Ils en virent une autre
» sans nom qu'ils appelèrent *Mignonne*. On venait de la faucher
» et elle était propre comme un bouligrin. Ils firent l'expérience
» de la percer et de la faire marcher (4).

» Lorsque Louis XV se rendit de Saint-Omer à Calais, en 1744,
» nos infatigables Hautponnais amenèrent sur son passage *la
» Princesse* dans le canal ; ce monarque fut frappé de surprise
» en apercevant une cinquantaine de ces bons flamands qui sui-
» vaient son carrosse d'eau à la nage jusqu'au Bac, nageant
» comme de vrais poissons. Il ne voulut pas leur permettre d'aller
» plus loin.

» En octobre 1781, à l'occasion de la naissance du Dauphin
» (frère aîné de Louis XVII), les habitants du faubourg se distin-
» guèrent principalement en témoignant leur joie par un feu
» phénoménal, puisqu'il parcourait la rivière d'Aa dans une lon-
» gueur d'un quart de lieue avec l'île flottante sur laquelle il était
» construit. Cette île flottante ayant été diminuée de huit pieds
» en tous sens pour pouvoir être introduite dans le canal, ne con-
» tenait plus que 24 pieds dans sa longueur et 12 pieds dans sa
» largeur ; le feu de joie était environné d'arbres fruitiers crois-

(1) Lefebvre.
(2) Madame de Flessèles.
(3) Grand cartulaire de Saint-Bertin.
(4) Pélisson.

» sants, encore chargés de leurs feuilles et d'une infinité de
» pommes. Il dura environ trois heures, et pendant ce temps,
» cette île et le feu étaient menés dans le canal, le long de Ghière,
» et jusque sous les murs de la ville, au grand étonnement des
» spectateurs, par le moyen des cordes qui étaient attachées aux
» arbres ; de sorte que l'on voyait une île décorée de feux errants
» sur les eaux ; et pour peu que cette île s'éloignait, elle offrait
» un coup d'œil enchanteur, parce que la réverbération de l'eau
» représentait encore au-dessous une île et un feu de joie :
» réjouissance unique et qui n'a pu se voir qu'à Saint-Omer (1).

» Le 29 août 1825, Madame la duchesse de Berry arriva sur la
» Ghière, où, malgré la pluie, elle monta sur le canot appartenant
» à la ville, et, n'ayant pas tardé à aborder aux îles flottantes,
» elle descendit comme une autre Isabelle, avec sa suite, sur
» l'île où l'on avait placé une cabane et un petit troupeau de
» moutons.

» Alors une aimable bergère l'y complimenta et lui offrit des
» fruits, tandis qu'un Robinson flamand apparaissait entre les
» roseaux, sous les hauts peupliers qui abritaient le bord voisin.
» On imprima ensuite à l'îlot un mouvement qui parut faire plai-
» sir à la princesse, flattée de l'aspect éblouissant que présentait
» autour d'elle une flotille de petits bateaux pavoisés et resplen-
» dissants de la parure des dames et de l'éclat des uniformes.
» Elle quitta enfin ce joli séjour de l'innocence et de la paix,
» emmenant dans sa gondole la naïve bergère ; et pendant sa
» douce navigation, les airs retentissaient des acclamations
» joyeuses de la foule et des sons harmonieux d'une musique
» militaire (2).

» M. Devérité a fait connaître en 1768 que ces îles n'étaient
» plus guère que de petites parcelles, de la grandeur d'une médio-
» cre barque, que la terre en était couverte de mousse et faisait
» promptement, jusqu'à un certain point, l'effet d'une éponge
» pleine d'eau sur laquelle on mettrait le pied.

» Hennebert allègue que ces terres mouvantes ne sont point
» uniques dans la Morinie ; André Duchesne avait déclaré qu'il
» s'en trouvait plusieurs autres dans les marais situés entre

(1) Almanach d'Artois, 1782.
(2) Feuille de Saint-Omer.

» Guisnes et Ardres. Dans les prairies de la Morinie, dit-on,
» une île se déracina et prit route vers l'Océan. Le fanatique à
» qui elle appartenait, irrité de la voir partir sans ses ordres, lui
» fit son procès, mais l'avocat de la fugitive le gagna au Parlement
» de la cour de Dublin.

» Les îles flottantes sont mentionnées dans le livre *De connubiis*
» *florum,* joli poème plein de grâce et de poésie, imprimé d'abord
» sous le nom du médecin irlandais Mac Enoroë, dans le *Botani-*
» *con Parisiense*, de Vaillant, Leyde 1727 (1).

» D'où viennent les noms de *Dauphine* et de *Conti* qui s'y
» trouvent ? Toutes nos recherches ont été vaines pour en trouver
» l'origine et cette citation est, d'ailleurs, la seule à ce sujet.

» En 1588, Simon Ogier, poète Audomarois, dans une épître à
» l'Aa, a tracé un pompeux éloge des îles flottantes (2).

» Claude Dausques, de Saint-Omer, a publié un traité sur les
» îles flottantes : Tournai 1633, 1 vol. in-4°. Cet ouvrage, d'en-
» viron 300 pages, est fort estimé des naturalistes (3).

» Vers la fin du siècle dernier, M. de Sauvigny avait préparé
» l'histoire des Hautponnais et des îles flottantes, mais l'ère régé-
» nératrice venait de s'ouvrir, et cet écrivain ne crut pas devoir
» sans doute mettre alors au jour la dernière partie de *l'innocence*
» *du premier âge en France.*

» Le général Vallongue écrivait, en 1804, que ces îles dimi-
» nuaient tous les jours, que la couche de terre devenant de plus
» en plus épaisse et pesante, elles finissaient par adhérer au sol
» et formaient des atterrissements qui déjà avant la révolution,
» étaient loués pour défricher jusqu'à cent livres l'arpent.

» L'état de ces îles n'a pas été exactement constaté dans ce
» siècle ; Pélisson en avait fixé le nombre à 100, selon les uns, à

(1) « *Audomarum contra sic naut Delphinia Contis*
     » *Ambæ cespitibus præsignes , frondibus ambæ*
     » *Seque errabundæ sociant per stagna sorori.* »
(2) *Pater Aa............ terrasques natantes ,*
     (Quod nosquant nivenias) oculis mirantibus offers
     Nam ratium praestant usum celeresque sequuntur ,
     Quo cupiunt homines, et ducent flamina cæli,
     In quibus umbriferos saltus, atque abore fœtus
     Pendentes videas et caudida lilia carpas ;
     Graiaque purpureo ducas convivia Baccho ;
     Et celebres festas hilarato corde choreas.
(3) Biographies de Saint-Omer 1835, in-8, pages 71, 75, 271.

» 300 selon les autres, sans doute dans les lagunes de Clairma-
» rais, de Salperwick et de Lysel. Expilly, seulement 21 ; les
» bénédictins de Saint-Maur dans leur voyage littéraire n'ont
» parlé que d'une île flottante.

» D'après Malte Brun, les marais de l'Aa se couvrent encore
» de petites îles flottantes. Dellepierre de Neuveglise avait déjà
» observé en 1761 qu'il se trouvait encore de prodigieuses quan-
» tités de terres aquatiques près de Saint-Omer. »

» La France pittoresque (page 316) a donné récemment aussi
» une description tant soit peu fantastique de nos îles flottantes :
» Il en reste encore quelques-unes qui, soigneusement culti-
» vées, produisent d'excellents légumes et rappellent, à la
» dimension près, ces fameux jardins flottants que Fernand
» Cortez trouva sur la place de Mexico. »

» Le temps en a fait disparaître insensiblement la plus grande
» partie, et, en 1827, d'après le *conducteur dans Saint-Omer et*
» *ses environs*, il n'en restait que 2 ou 3. C'est alors que fut encore
» détruit un petit îlot.

» Maintenant on peut dire des îles flottantes qu'elles n'ont réel-
» lement plus pour elles que leur réputation. Une seule, qui
» s'efface toutefois chaque année par son enfoncement impercep-
» tible dans les eaux, précisément en face de la tour Saint-Bertin,
» phare majestueux dans ce marécageux dédale, montre comme
» autrefois son bouquet de hautes herbes et de broussailles com-
» pactes au fond d'un vivier réservé et appartenant à un maraî-
» cher nommé Monsterlet ; cette dernière des îles flottantes que
» nous avons voulu revoir porte encore plusieurs saules antiques
» dont les écorces, sillonnées de mousse, conservent néanmoins
» encore l'empreinte de chiffres, d'emblèmes divers et de noms
» plus ou moins notables de quelques curieux.

» Charles X n'a pas admiré cette merveille, mais c'est sur ce
» plateau incertain que Marie Caroline posa un pied assuré, au
» temps brillant de sa puissance ; son souvenir y est resté vivant,
» tandis que les génies aériens, les beautés de toute espèce et les
» sylphes annoncés par les poètes comme les simples habitants
» de cet endroit longtemps magique, ont abandonné à jamais cette
» demeure privée désormais de presque tous ses avantages
» romantiques. »

H. PIERS , année 1836.

Comparaison des îles flottantes de Clairmarais avec les tourbières houillères flottantes.

Cette description purement historique des îles flottantes de Clairmarais est rigoureusement exacte, aucun doute n'est possible; mais l'auteur, plus archéologue que géologue, n'a pas indiqué les causes de la flottaison. Nous les donnons plus loin.

La question que nous posons maintenant est la suivante :

Des îles flottantes ont-elles pu exister à la surface des eaux, aux époques géologiques antérieures à la nôtre ? Je le crois, et je fais de cette hypothèse, pour l'époque houillère, la base d'une théorie nouvelle qui me donne la possibilité d'expliquer très facilement le mode de formation de la houille. Il ne reste qu'à découvrir parmi les plantes houillères connues, celles qui jouissaient de propriétés analogues aux plantes modernes aquatiques et flottantes qui ont permis aux îles de Clairmarais de se former et d'augmenter d'épaisseur en servant de support à une végétation aérienne. Il faut cependant encore supposer aux lacs houillers une plus grande profondeur qu'à l'étang de Clairmarais, mais il n'y a là rien de trop conjectural.

Cette description de M. Piers, moins les personnages qui poétisent les phénomènes et qui ne s'appelleront ni Charles-Quint ni Philippe II, ni Louis XIV, serait en petit ce qui devait avoir lieu en grand pour toute la belle époque houillère, alors que les conditions climatériques favorisaient au maximum le développement de la végétation tant en étendue qu'en épaisseur. Cependant beaucoup de géologues, tout en trouvant qu'aujourd'hui les phénomènes naturels ressemblent à ceux des anciens mondes, ne veulent pas admettre la réciprocité, ils trouvent même opportun de prémunir ceux qui se sentiraient tentés d'établir une assimilation complète entre le passé et le présent.

Je vais pourtant essayer de découvrir un rapprochement, non absolu, mais plus que relatif entre l'époque moderne avec ses tourbières et ses îles végétales flottantes et l'époque houillère, je supposerai seulement que la température de notre pays à l'époque houillère était très élevée, comme actuellement sous les tropiques, ce qui est sans contestation, car les empreintes fossiles des plantes houillères montrent qu'une haute température était absolument nécessaire pour produire ces plantes.

A l'époque houillère, le règne animal ne comprenait pas encore l'espèce humaine qui ne devait apparaître que beaucoup plus tard, au sommet de l'échelle des êtres, comme type supérieur de la grande œuvre de la création. Ceux qui croient que le Créateur a tout fait pour l'homme, diront que le grand maître avait voulu laisser aux êtres moins parfaits que nous, faire d'abord l'épreuve de la vie terrestre.

Les rois de cette époque, capables de respirer un air épais, concentré, chaud, humide, alourdi par toutes les exhalaisons d'un sol végétal imbibé d'eau, étaient des reptiles à la peau écailleuse, des monstres, moitié lézards, moitié poissons, vivant paresseusement sur les plages, au bord de l'eau, et vautrés dans la fange ; ceux qui se hasardaient sur les îles houillères flottantes trouvaient la mort, lorsque ces îles, trop pesantes à un certain moment pour des causes diverses, disparaissaient au sein des eaux. On n'a pas encore rencontré ces grands animaux dans le bassin franco-belge, mais on les a trouvés dans les bassins houillers d'Angleterre et d'Allemagne.

Les poissons d'eau douce et les insectes étaient rares dans ce bassin : une dizaine d'empreintes de ces derniers ont été trouvées en Belgique dans les couches du groupe moyen du Flenu ; c'est peu, car les plantes sont les habitations des insectes, mais on ne cherche peut-être pas assez pour en trouver. Les ouvriers qui pourraient tant y aider sont indifférents, ignorants et maladroits.

M. Fayol nous dit qu'il en était ainsi à Commentry, où, depuis qu'on s'en occupe, 500 échantillons de poissons et 700 échantillons d'insectes emplissent les collections.

Dans le Nord de la France, le nombre des personnes qui s'occupent de paléontologie est véritablement restreint ; il y a cependant pour les jeunes ingénieurs, intéressés à connaître et à aimer cette belle végétation houillère, le moyen d'ajouter les lumières de la théorie à leur sens pratique et de trouver ainsi une source de satisfactions intellectuelles qui reposent des fatigues physiques, des ennuis et des tracas du métier de mineur.

Herboriser dans les tourbières houillères flottantes, au milieu des plus beaux ouvrages de la nature, n'est-ce pas une étude pleine de séductions ? L'indifférence est difficile à comprendre quand nous sommes tant les obligés de la nature, et que de botanistes, s'ils avaient les moyens d'action des ingénieurs, rayonneraient de joie !

Plus on étudie la végétation si mystérieuse et si merveilleuse de l'époque houillère, plus on trouve d'invitation à l'admirer ; il y a un inconnu, un nouveau qui attire sans cesse et tient toujours notre esprit en éveil. Il n'y a pas jusqu'aux souvenirs les plus agréables qui ne survivent encore longtemps après que les liens qui attachaient l'Ingénieur à la Compagnie ont été rompus.

Reconstitution de l'histoire géologique de Clairmarais.

Reconstituons sommairement l'histoire géologique de Clairmarais.

Nous avons consulté pour nous guider l'excellente étude qu'a faite M. Henri Debray, conducteur des ponts-et-chaussées, sur les tourbières du littoral.

Il y a deux ou trois mille ans, la mer occupait le pays qui s'étend de Sangatte, près Calais, jusqu'au Danemark, et y a laissé des sables avec coquilles marines (moules, etc.) qu'on trouve partout à quelques mètres sous la tourbe. Deux fois par jour, le flux amenait et déposait, comme il le fait actuellement et plus commodément dans les bassins des chasses, une très mince couche d'argile provenant de particules de cette matière en suspension dans l'eau de mer. Telle est l'origine de l'argile qui recouvre les sables de l'ancienne plage, et les sépare du petit banc d'argile bleue sableuse avec petites racines qui est sous la tourbe. Pl. II, fig. 2.

Cette argile pure est exploitée depuis peu de mois à Saint-Pierre-lès-Calais pour la fabrication des briques de première qualité.

Une barrière naturelle, sous forme de cordon littoral a été formée par des dunes ; elle a isolé une grande surface de pays et créé un lac marin peu profond qui s'est desséché par évaporation sous l'influence de la chaleur du soleil et des vents, en déposant les dernières coquilles marines qu'il renfermait.

Les eaux douces pluviales emplissaient souvent le lac pendant la saison des pluies et déposaient sur l'argile marine tout ce que le vent amenait à la surface, principalement des poussières et des débris de feuilles qui sont l'origine de l'argile bleue sableuse, mélangée de débris végétaux, laquelle a été le limon de base de la tourbe.

Cette tourbe est essentiellement composée de végétaux aquatiques avides d'humidité, qui se décomposaient lentement par le bas sous la protection de l'eau et dont l'entassement successif pendant plusieurs siècles a produit la couche, découverte plus tard, dans laquelle les végétaux ont conservé leurs propriétés combustibles. Dans les parties inférieures du dépôt la tourbe est compacte et homogène.

La domination romaine eut lieu pendant cette formation tourbeuse, car on trouve souvent, outre des ossements, des objets de l'industrie humaine de l'époque romaine, qui montrent que les tourbières étaient habitées.

Avec ces objets, il y a des bois fossiles, principalement le chêne, le frêne, le sapin, le noyer, le sorbier, le bouleau, le saule, le buis, le noisetier, l'épine ; des plantes, des insectes, des vertébrés d'espèces nombreuses, mais *pas une seule coquille marine.*

La tourbe s'est formée sur des épaisseurs variables dans la contrée que nous prenons pour étude ; mais après la conquête romaine, la végétation tourbeuse a été arrêtée brusquement par la mer qui a fait irruption, soit par un affaissement du continent (opinion de M. Gosselet, géologue, et de M. Henri Rigaux, archéologue), soit par la rupture du cordon littoral et parce que le niveau de formation de la tourbe était plus bas ou devenu plus bas que celui de la haute mer.

Le même géologue et le même archéologue fixent l'époque de cette irruption à la fin du iiie siècle de notre ère, ou au commencement du ive. — Les dernières médailles trouvées ne sont jamais postérieures à l'année 267. (Postumus, l'un des trente tyrans), et 270 (Quintille).

Cette mer, soumise au flux et au reflux, a affouillé le sol et a détruit toutes les habitations sans en laisser la moindre trace ; elle a déposé pendant très longtemps, comme elle l'avait déjà fait avant la formation tourbeuse, de la glaise bleue, puis de la glaise grise, qui sont employées pour la fabrication des briques blanches, et finalement du sable qui se vend dans le pays. Ces diverses couches qui recouvrent la tourbe, renferment des coquilles marines; elles ont souvent, en les totalisant, plus de 1^{m}50 d'épaisseur; ce qui suppose un séjour assez long de la mer.

Enfin dans cette lutte, qui dura quelques siècles, de la terre ferme contre l'Océan, celui-ci fut de nouveau isolé du lac par la reconstruction naturelle des dunes, aidée sans doute artificiellement par la main de l'homme ; ou par un exhaussement du sol, mais alors il faudrait admettre que le mouvement descendant a recommencé et se continue peut-être encore ; le pays tourbeux est aujourd'hui plus bas que le niveau des hautes mers.

Dans l'étendue de ce lac redevenu d'eau douce, mais quelquefois à sec l'été, il s'est déposé sur la glaise grise ou sur le sable, une couche de terre de marais cultivable ; malheureusement le niveau trop bas la rendait inondable pendant les saisons des pluies. Cependant des villages existent au commencement du IXe siècle (en 826, on cite Guemps), en 864 on cite Holque. Les hauts fonds furent habités bien avant. Loon est cité au VIIme siècle.

Il est probable que vers la fin du moyen-âge, quoique ce point ne soit pas éclairci, la tourbe a été exploitée à Clairmarais sans que les eaux aient apporté d'obstacle au travail ; l'exploitation n'avait lieu, sans doute, comme maintenant pour les tourbières, qu'en mai, juin et juillet. Les eaux se réunissaient du reste dans les trous exploités.

Au moyen-âge, on ne voyait encore dans le charbon qu'une pierre noire, s'allumant au feu, et c'est à peine si les forgerons daignaient s'en servir. Cependant en Belgique et en Angleterre, aux affleurements, il était facile de s'en procurer ; mais n'accusait-on pas le charbon d'occasionner des maladies de poitrine, etc., et au XVIe siècle les charbons des mines belges et anglaises étaient excommuniés pour cause de vapeurs malignes et sulfureuses, tandis que le feu de tourbes était recommandé comme purgeant et purifiant l'air.

Un point à établir : c'est que l'étang de Clairmarais fut creusé par les extracteurs de tourbe et la profondeur, en certains points, augmenta par la suite par les dragages faits pour avoir des boues à jeter sur les terres voisines afin de les enrichir et d'en élever le niveau par rapport au niveau naturel des eaux du pays. C'est ainsi qu'on procède encore aujourd'hui pour les nombreux fossés de ce pays. La terre extraite, mélangée de débris de plantes aquatiques qui poussent avec une grande rapidité à la surface des eaux, est souvent un engrais suffisant.

A la surface de l'eau douce et limpide de l'étang de Clairmarais, poussèrent ensuite vigoureusement, dans des conditions plus favorables que sur un sol argileux, toujours trop peu perméable, des plantes aquatiques telles que lentilles d'eau, conferves, etc., et des espèces de mousse, constamment immergées et pourrissant par le pied, qui retinrent des poussières argileuses amenées un peu à la fois par le vent, mais non assez abondantes, dans cette contrée marécageuse pour nuire ou arrêter la croissance des mousses. Ces poussières descendaient dans les racines inférieures, tant que la tourbe flottante n'était pas formée ; c'était l'agitation de l'eau qui produisait cet effet, mais ensuite les végétaux aquatiques se comprimaient un peu, formaient une couche de tourbe à texture spongieuse de 3 à 4 pieds d'épaisseur, remplie de débris d'herbes, de feuilles et de branches d'arbustes, mais de moins en moins mousseuse ; les nouvelles poussières ne passaient plus alors au travers, elles restaient à la surface formant un peu de terreau utile à une végétation terrestre. Il est certain qu'on y apportait aussi de la terre provenant de dragages pour en augmenter l'épaisseur. C'est ainsi que se formait une île flottante sur l'étang de Clairmarais ; elle pouvait recevoir des plantations d'arbres et supporter un certain poids de bestiaux sans qu'elle s'enfonçât dans l'eau jusqu'à l'atterrissement. (Dans les lacs houillers, beaucoup plus profonds, quand les îles flottantes devenaient trop lourdes, elles disparaissaient sous l'eau).

Beaucoup des îles de Clairmarais se sont fixées sur de hauts fonds, ou bien elles ont été attachées à la terre ferme et le champ s'est trouvé augmenté d'autant.

Le pays tourbeux a l'aspect reproduit dans le croquis ci-contre Pl. III, soit à droite soit à gauche de l'eau.

Pl III
Vue du pays tourbeux
Lucien Breton del

TROISIÈME PARTIE.

MODE DE FORMATION DES COUCHES DE HOUILLE DU GRAND BASSIN FRANCO-BELGE.

Action du vent comme agent actuel de transport des poussières fines.

Dans l'étude qui précède nous avons constaté l'action du vent comme agent de transport de la terre qui entourait ensuite les racines des premières plantes aquatiques des îles flottantes de Clairmarais, et de la terre répandue en minces couches sur la surface de ces mêmes îles.

Nous citerons encore l'exemple suivant de cette même action:

A Calais, lorsque la mer, qu'on laisse entrer plusieurs fois par mois dans le bassin des chasses, dépose pendant son séjour de quelques heures une mince couche d'argile, cette boue se crevasse au soleil quand elle repose sur un fond sableux et se désagrège ensuite ; si alors, un grand vent survient, la poussière argileuse est élevée très haut dans l'atmosphère, comme un nuage épais qui couvre toute la ville avant de tomber sur le sol.

J'ai observé, en mai 1880 un dépôt, uniforme d'environ 1 millimètre d'épaisseur sur toute la surface de Calais et de Saint-Pierre-lès-Calais, opéré en quelques heures seulement ; il provenait du nouveau bassin à flot dont l'épuisement trop forcé ce jour-là était à 1^{m}20 en contre-bas du niveau du terrassement. Le sable argileux ainsi desséché avait été soulevé par un grand vent; les grains de sable, sensiblement de même grosseur, s'étaient séparés de suite, comme plus lourds, pour retomber près du bassin, mais les poussières argileuses sèches, de couleur jaunâtre, douces au toucher comme de la farine, formaient sur tout Calais et Saint-Pierre-lès-Calais un nuage très épais avant leur chute sur le sol. Si ces poussières étaient tombées sur le gazon d'une prairie, elles y auraient formé une mince couche de terre végétale qui s'y serait fixée définitivement.

N'avons-nous pas journellement la preuve que l'air renferme toujours des substances étrangères solides : il suffit de faire remarquer les couches de poussière dont les surfaces extérieures et même intérieures des appartements sont recouvertes.

Avant d'aborder la théorie sur le mode de formation de la houille, il nous reste à poser en principe les deux hypothèses suivantes :

Hypothèses fondamentales; Vent et Pluie.

1° A l'époque houillère il y avait, comme aujourd'hui, à la surface de la terre, des causes qui produisaient le vent : telles que l'existence des mers, la nature du sol, la végétation qui recouvrait la surface des eaux douces et les sommets froids et humides des hautes montagnes, la hauteur des continents.

Ce météore, presque négligé jusqu'ici dans toutes les études qui ont paru sur le mode de formation de la houille, a joué à cette époque un rôle considérable comme agent de transport de poussières sèches enlevées aux continents et réduites à un grand état de ténuité. Il transportait aussi de nombreuses parcelles et particules végétales vertes ou sèches enlevées aux végétaux. Par son action ces légers débris de plantes roulaient sur le sol des collines voisines et finalement, tombaient dans les cours d'eau où ils se mélangeaient en quantités variables avec les matières argileuses et sableuses. Ces parcelles végétales furent l'origine des petites taches noires qu'on observe abondamment sur les schistes et les grès houillers, Pl IV, fig. 1 et 2.

Les vents transportaient aussi à distance les spores des équisé-

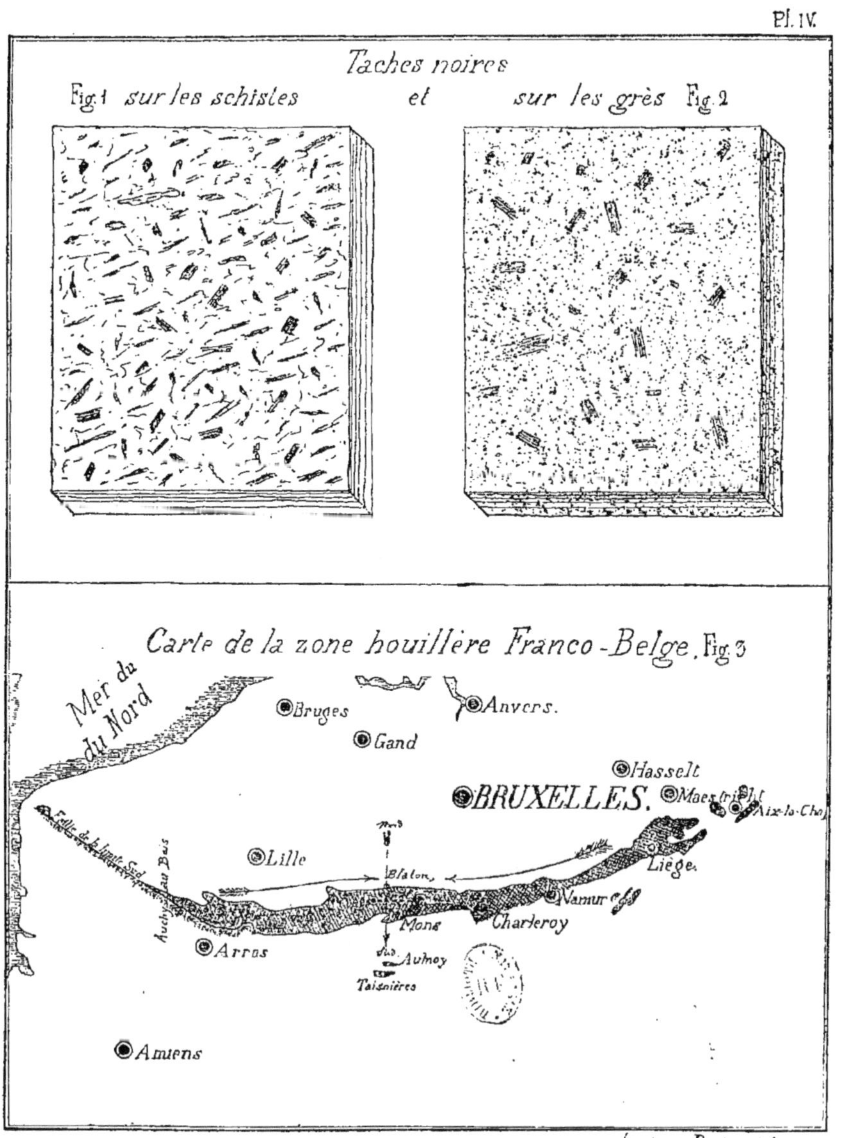
Taches noires
Fig. 1 sur les schistes   et   sur les grès Fig. 2
Carte de la zone houillère Franco-Belge. Fig. 3
Mer du Nord
Bruges
Anvers.
Gand
Hasselt
BRUXELLES.
Maestricht
Aix-la-Cha.
Faille de la limite Sud
Auchy au Bois
Lille
Nord
Blaton,
Liège.
Namur
Mons
Charleroy
Arras
Sud Aulnoy
Taisnières
Amiens
Ludovic Breton del.

tacées et des fougères, ainsi que les capsules fructifères des lycopodiacées et autres familles de plantes. Ils furent donc de puissants agents de dissémination.

2° Enfin la supposition de l'existence des vents à l'époque houillère entraîne la conséquence de pluies tombant à de certains intervalles, transformant les poussières en boue, lavant les végétaux tombés et leur prenant de la matière colorante pour les schistes qui est ainsi de même nature que la matière végétale formant la houille, enfin rendant aux lacs houillers l'eau perdue par évaporation qui, sans la végétation flottante qui protégeait la surface de l'eau, eût été très considérable à cause de la température de cette époque.

Les vents faisaient donc le métier de porteurs d'eau et ils renouvelaient souvent leurs voyages à l'époque houillère.

Telles sont les deux hypothèses sur lesquelles nous échafauderons principalement la théorie nouvelle ; ces hypothèses ne sont-elles pas des axiomes ?

Point de départ de la formation houillère du grand bassin franco-belge.

La formation houillère du grand bassin franco-belge a-t-elle commencé en un seul point ou sur plusieurs points à la fois ? Les travaux d'exploitation de ce bassin, quoique déjà très avancés, ne permettent pas de répondre à cette question, mais nous pouvons citer un point qui paraît être voisin du berceau ou d'un des berceaux de la formation houillère : c'est sur l'intersection du méridien passant par Blaton (Belgique) près de la frontière française, avec le canal de Condé à Mons. Pl. IV fig. 3. En partant de la base du terrain houiller, on trouve une veine de houille appelée « *la coureuse de gazon* » qui vient affleurer à Blaton où elle a été exploitée ; cette veine est reconnue être plus ancienne que celles qui ont été exploitées autrefois (avant 1853) à la fosse de Pontpéry, concession de Château l'Abbaye et, depuis, à la fosse de Wiers (Belgique), dans la concession de ce nom.

Ce serait donc sur le méridien de Blaton, ou sur un méridien dans les environs et à peu près sur l'axe actuel de la zone houillère belge que nous reconnaîtrions le fond ou un des fonds du grand lac franco-belge dans lequel les dépôts des trois roches principales du terrain houiller : schistes, grès et charbon ont pu se faire pendant *une période géologique tranquille* ou presque tranquille.

Forme de ce bassin.

La forme du bassin était celle d'un immense entonnoir très allongé de l'Est à l'Ouest et déformé, ou, si l'on veut, un immense tronc de cône renversé, mais ayant les surfaces latérales ondulées et très faiblement inclinées sur l'horizon. Ainsi, de l'Est à l'Ouest, ou, pour mieux comprendre, du méridien de Blaton à celui d'Auchy-au-Bois, l'inclinaison montante n'était que de deux centimètres par mètre en moyenne, ou un peu plus de un degré, et cela pour une distance de 100 kilomètres. Pl. V fig. 1.

Cette pente n'était même pas uniforme ; à de grandes parties horizontales succédaient de légers relèvements.

Perpendiculairement au grand axe, l'inclinaison était un peu plus forte, mais n'était guère considérable non plus. Pl. V, fig. 2.

Nature de la roche constituant la surface conique et ondulée du bassin houiller.

Partout où, dans le bassin franco-belge, les travaux d'exploitation ont touché la base du terrain houiller, de l'extrémité Est à l'extrémité Ouest et sur toute la lisière Nord (la lisière Sud n'est pas connue, la limite du bassin est une faille) on a reconnu que la formation houillère était en contact avec un schiste alunifère, appelé *ampélite alumineux*, exploité en Belgique comme minerai d'alun et recouvrant des schistes avec fossiles marins, Pl. V. fig. 1 et 2 ; c'est ce que M. Gosselet désigne dans son esquisse géologique du Nord de la France, sous le nom de *couches à productus carbonarius*, et il en fait la zone inférieure de l'étage houiller, zone de formation marine.

Dans mon étude stratigraphique du terrain houiller d'Auchy-au-Bois, je dis aussi, page 11. « La première couche formée immé-

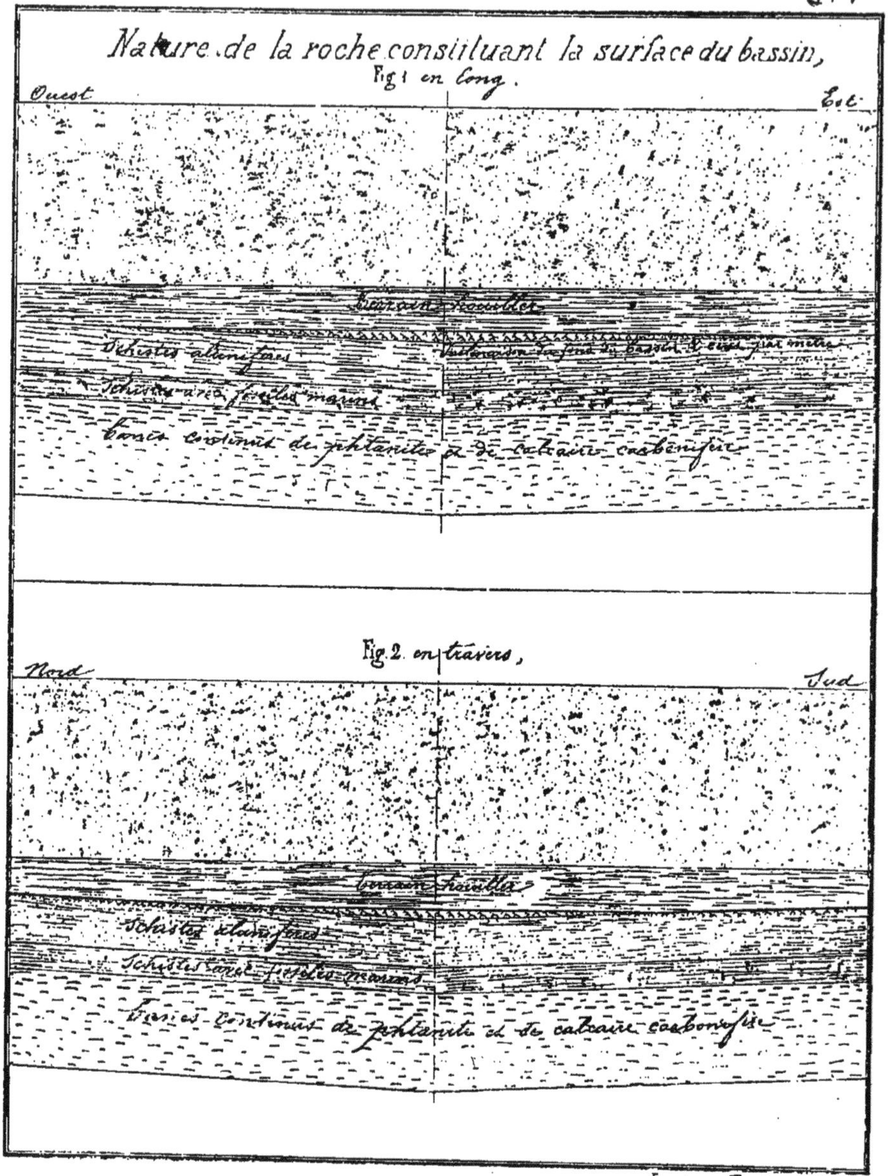

Ludovic Breton del.

Nature de la roche constituant la surface du bassin,

Fig 1 en long.

Ouest   Est

Terrain houiller

Schistes alumnifères

Schistes avec fossiles marins

Bancs continus de phtanite et de calcaire carbonifère

Fig. 2. en travers,

Nord   Sud

Terrain houiller

Schistes alumnifères

Schistes avec fossiles marins

Bancs continus de phtanite et de calcaire carbonifère

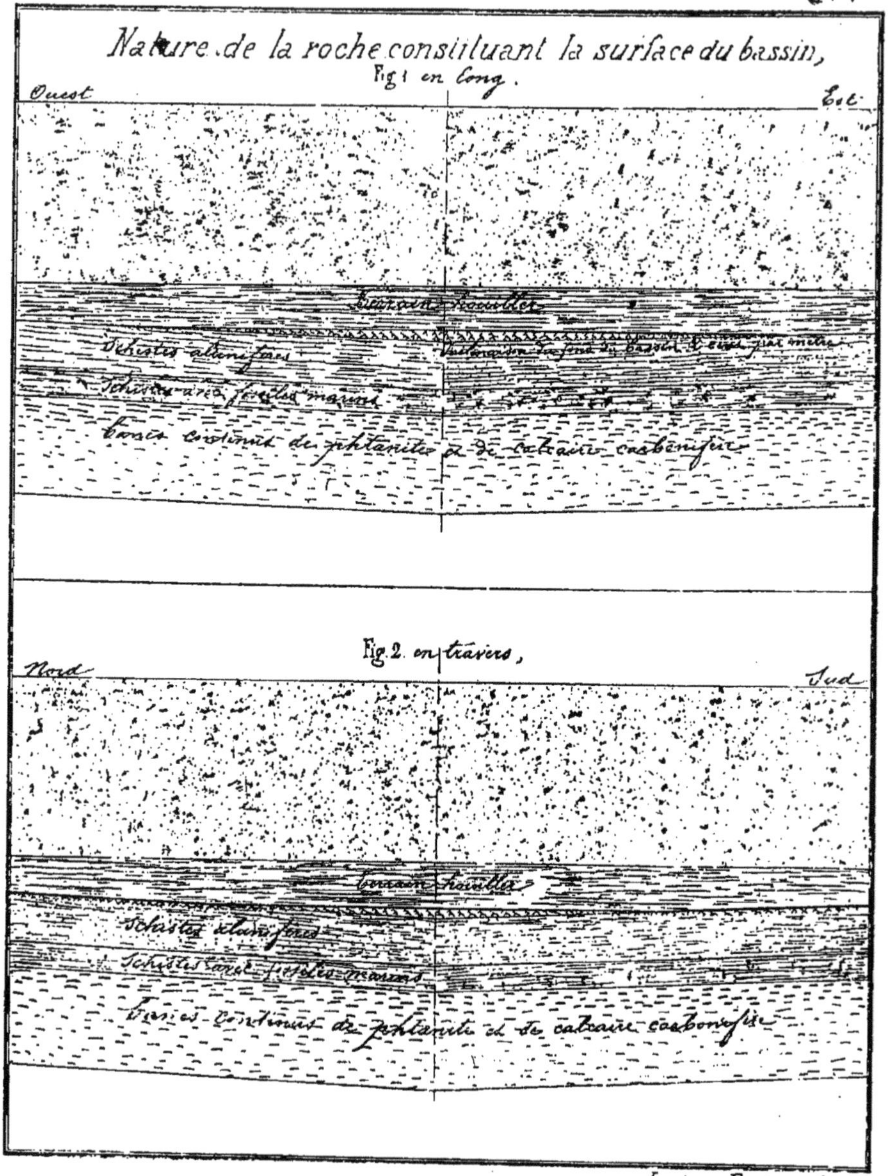

Ludovic Breton del.

possible, et cette végétation elle-même contribua beaucoup, ultérieurement, à empêcher les agitations par les vents et le mélange des deux natures d'eau, comme elle contribuait aussi à ralentir l'évaporation ; c'est ainsi que l'eau marine primitive, devenue cependant saumâtre à la fin, put toujours occuper le fond du lac houiller. Ces deux sortes d'eau, marine au fond, douce à la surface, donnèrent asile à des animaux différents, la plupart fixés sur les fonds peu inclinés du bassin.

Telle est l'origine des divers fossiles qu'on rencontre dans les roches du terrain houiller. Les fossiles marins et d'eau saumâtre dominent au début de l'époque houillère, mais les causes de mort, dont la principale fut le mélange d'eau douce, augmentaient chaque jour ; à la fin la défaite est presque complète et ce sont des fossiles d'eau douce qui ont survécu, mais ils étaient peu abondants à cause de l'insalubrité des eaux.

L'eau salée du terrain houiller, retenue dans les interstratifications, n'est elle-même que de l'eau fossile.

Certains animaux marins, principalement ceux qu'on trouve déformés dans le terrain houiller, peuvent cependant avoir une origine différente; ils peuvent provenir de la plage carbonifère dans laquelle les cours d'eau creusaient leur lit après être descendus comme des torrents des collines voisines ; ces animaux déjà fossilifiés ont été amenés dans le lac comme de simples sédiments ; ils peuvent même provenir aussi des collines siluriennes, absolument comme de nos jours nous voyons les animaux fossiles des falaises de la Manche entraînés dans les bas fonds de l'Océan avec les roches désagrégées de ces falaises.

En règle générale, les géologues devraient éviter de tirer des conclusions d'après des fossiles animaux rencontrés brisés ou incomplets.

L'immense végétation aquatique que nous allons décrire plus loin, supportant une végétation aérienne non moins immense, a dû beaucoup modifier la nature de l'eau du lac houiller ; elle a surtout desoxygéné cette eau qui à la fin de l'époque houillère, était devenue peu propre à la vie des animaux.

Origine des schistes et des grès du terrain houiller franco-belge.

Au-delà des deux plages carbonifères noires et schisteuses qui formaient les surfaces de contour à faible pente du lac houiller, se trouvaient, au Nord, les collines siluriennes du Brabant, et au Sud, les collines siluriennes du Condros; c'est de ces deux collines reconnues souterrainement par des sondages depuis la Belgique jusqu'à la Manche, que descendaient au lac les sédiments charriés par les eaux des rivières et des ruisseaux.

Les schistes siluriens surtout, à grain plus ou moins fin, ont été très propres à fournir, après désagrégation, le limon argileux des schistes houillers, il n'a suffi à la roche nouvelle que d'un peu de vase noire ou jus de végétaux houillers et de poussières végétales pour avoir la teinte actuelle des schistes houillers du bassin franco-belge, si heureusement comparée par M. du Souich à celle d'une teinte d'encre de Chine plus ou moins foncée.

Les sables pour les grès houillers étaient fournis par les quartzites et les quartzophyllades désagrégés qui provenaient eux-mêmes, comme les schistes, avant d'appartenir au terrain silurien, de roches primitives décomposées par les actions atmosphériques.

Commencement du règne végétal.

Le règne végétal avait fait son apparition sur la terre vers la fin de la période silurienne, mais ce n'était guère qu'un essai : on ne peut y voir que des végétaux précurseurs de la flore de la période suivante ; nous ne trouvons chez nous des restes de végé-taux terrestres et non marins que dans le dévonien inférieur et le dévonien moyen ; rien ne prouve même que ces plantes aient poussé sur les sommets moins chauds des collines siluriennes qui bordaient la mer dévonienne, nous pouvons admettre plutôt que les débris de plantes dévoniennes du bassin primaire franco-belge, essentiellement marin en ce moment-là, qu'on ne trouve qu'à l'état d'empreintes, ont poussé à la surface de lacs voisins d'eau saumâtre ou douce qui, se desséchant facilement, ont livré aux vents leurs quelques plantes ; ou bien ces mêmes débris sont venus d'un peu plus loin, transportés par les grands vents de cette époque, puisque en dehors du bassin franco-belge, à l'époque dévonienne, les anthracites dévoniens de la Sarthe étaient en formation.

Commencement de formation de la première veine de charbon.

Ce fut, pendant que se déposaient par les eaux courantes les premiers sédiments de schistes et de grés au fond du bassin franco-belge, dans une eau salée, tranquille et plus que tiède, remplissant déjà ce vaste entonnoir sur une certaine hauteur, que, à la surface de l'eau douce superposant l'eau salée, commença à se former *la coureuse de gazon*. Elle devait avoir au début l'aspect bien modeste de conferves couvrant un étang.

D'où venait le premier brin d'herbe qui apparut à la surface de l'eau du lac ? D'où était venue la première algue qui avait flotté en Amérique à la surface des mers siluriennes? Mystère pour nous ; on ne saura jamais comment est apparu le premier germe organisé et la recherche de son origine doit être écartée, car elle n'est pas vérifiable par l'expérience. C'est le point obscur de toutes les études ; mais après l'herbe, vint l'arbuste, après l'arbuste, l'arbre. Nous n'avons donc à constater que les circonstances étaient devenues favorables pour appeler les premiers végétaux et leur permettre d'y croître à l'état sauvage.

Une grande humidité était nécessaire à la végétation.

Toute la végétation de cette époque, qui ne comprend aucune plante marine ni de terre sèche, a ses représentants actuels dans les cryptogames qui vivent principalement dans les lieux humides ; elle avait aussi besoin, comme eux, d'une très grande humidité pour les racines toutes amies des eaux et pour des tiges très peu ligneuses à transpiration abondante de vapeur d'eau, où le liquide circulait d'une façon qui se rapproche du mécanisme de la pompe.

Cette humidité bienfaisante, elle l'a trouvée à son maximum, en ayant pour support un lac renfermant de l'eau douce sur une assez grande profondeur. L'eau était aussi le dissolvant le mieux approprié aux besoins des plantes de l'époque houillère et on peut même dire que toute la houille a été formée par la voie humide et qu'elle est le résultat d'une végétation à fleur d'eau et aérienne, mais sur un support plongeant dans l'eau.

A cette grande humidité se joignait une lumière convenable, une assez haute température de l'atmosphère et une composition de l'air appropriée pour une végétation active. La lumière jouait un rôle mécanique difficile à définir, mais très important dans le système de coloration des végétaux houillers ; l'herbier souterrain ne nous permet pas de reconstituer exactement la teinte plus ou moins verte de ces végétaux. Quant à la haute température qui activait la végétation, elle produisait aussi sur les parties libres du lac, une évaporation d'eau douce, sous forme de hautes colonnes de vapeur comme des nuages de fumée qui couvraient la prairie flottante ou tourbière houillère d'un brouillard protecteur contre les rayons directs du soleil. Sans ce brouillard, saturant l'air atmosphérique de vapeur d'eau, formant comme un vaste parasol arrêtant l'éclat du soleil pour n'en conserver que la chaleur, la tourbière eût été dans une fournaise, car la température dépassait peut-être 60°. Mais à l'époque houillère, comme aujourd'hui pour les îles sous les tropiques, la nature était prévoyante.

Absence de plantes de terre sèche.

Il n'y avait pas de plantes de terre sèche pendant l'époque houillère, avons-nous dit ; cette remarque s'applique aux bassins du centre de la France comme au bassin franco-belge. Il fallait de l'eau, beaucoup d'eau même pour permettre à la nature d'opérer de tels prodiges de multiplication et de fécondité. Si l'on dit de tous les animaux et de tous les végétaux qu'ils doivent manger pour vivre, on peut ajouter pour les plantes houillères qu'elles devaient pour cela boire aussi, et dans ces conditions elles se gonflaient de sucs, se gorgeaient de carbone et produisaient beaucoup plus de matière végétale que n'en produisent les plus belles forêts des régions tropicales si merveilleusement favorisées sous tous les rapports.

Les premières plantes utiles et nécessaires à la formation d'une veine de charbon furent les stigmariées.

Les premières plantes utiles, nécessaires, peut-être même *indispensables*, appartenaient aux stigmariées : *Stigmaria attenuata*, d'après M. Grand'Eury ; *Stigmaria ficoïdes*, d'après d'autres botanistes, peu importe ; ces plantes, exemple frappant d'une des manifestations les plus énergiques de la force silencieuse dans la vie végétale, vraies plantations sur l'eau avec les tiges et le feuillage mollement étendus, résistaient à la destruction complète malgré le climat excessif de cette époque.

C'étaient de véritables plantes aquatiques et vaseuses, indépendantes, pour lesquelles les eaux douces supérieures des lacs houillers convenaient comme conviennent à la vaste classe des conferves actuelles (1) les eaux stagnantes des fossés, des marécages et des prairies ; elles n'étaient donc pas des racines de sigillariées, comme le veulent MM. Ad. Brongniart, Goeppert, Grand'Eury, Binney, Richard Brown ; ou des racines de lépidodendrons, comme le croient MM. Schimper et l'abbé Boulay. Elles étaient même les seules plantes de cette époque qui fussent vraiment aquatiques, (les autres étaient aériennes), dont les branches minces, effilées, s'étendant dans toutes les directions avec radicules presque perpendiculaires et dichotomes, jouaient un rôle considérable, puisque dans leur lacis inextricable de radicelles occupant sous l'eau une grande surface et formant comme une épaisse toile d'araignée, elles retenaient, quand leurs feuilles existaient presque seules sur le premier gazon de l'île flottante, beaucoup de poussières argileuses amenées par le vent, d'abord en suspension dans l'air, puis qui tombaient suivant une épaisseur uniforme et une composition presque constante. Les autres organes de la plante, ceux qui étaient hors de l'eau, entraient plus tard largement dans la production du charbon. Les travaux de M. Renault le montre-

---

(1) Les conferves sont ces longues chevelures vertes qui se plaisent dans les eaux dormantes et remplissent parfois nos ruisseaux et nos étangs

ront un jour. M. Grand'Eury dit à la page 188 de son mémoire :
« Il n'y a de végétaux en place dans la houille que des stigmaria,
rhizomes qui tracent dans le terrain houiller moyen toutes les
roches de dépôt tranquille.

Les stigmariées ont été jusqu'ici les plantes les moins recherchées
par le spaléontologistes ; je ne dirai pas qu'elles passent inaper-
çues, mais c'est à peine si elles ont l'honneur des collections de
nos musées, et cependant, par leur immense pouvoir reproducteur,
elles ont été aussi nécessaires dans le bassin franco-belge à la
confection du pain de l'industrie moderne, « le charbon, » que le
blé l'est pour la confection du pain qui nous sert chaque jour de
nourriture. Mais le géologue est un peu artiste et il donne la
préférence à la belle empreinte de fougère, perdue, sans utilité,
dans les roches stériles, plutôt qu'aux restes fossiles des stigmaria, sans beauté, mais qui ont joué le rôle utile que nous décrirons
plus loin.

Les empreintes des stigmaria dénotent bien une végétation
aqueuse, sans transport ; ces plantes, survivant quand même aux
mille causes de destruction par suite de leur grande fécondité, ne
disparaissent pas avec l'époque houillère, et en Angleterre elles
continuent leur rôle mécanique dans les veines de houille intercalées dans le Permien qui est aussi de formation d'eau douce
pour la partie inférieure.

Je soupçonne les stigmaria d'avoir joué aussi un rôle chimique
à la surface du lac, en décomposant les sulfates de l'eau et transformant le soufre en hydrogène sulfuré, tout en s'appropriant
pour les organes hors de l'eau, la chaux et autres bases. Ce
serait là l'origine des lamelles minces de carbonate de chaux
qu'on trouve dans la houille, principalement sur les surfaces de
clivage.

Cette action chimique des stigmaria devait transformer les eaux
superficielles du lac houiller en véritables eaux sulfurées.

Du carbonate de chaux existe aussi à l'état amorphe sur l'épi-
derme des prêles, végétaux des marais actuels de même famille
(équisétacées), que les calamites de l'époque houillère. Ceux-ci
ont bien pu avoir les mêmes propriétés.

Rôle des stigmariées dans la formation d'un mur de veine de charbon.

Les grandes pluies intermittentes changeaient en boue les premières poussières tombées sur les stigmaria qui couvraient la plus grande partie de la surface de l'eau ; cette boue descendait de plus en plus bas sous l'effet de ces pluies et de l'agitation de la surface végétale qui était due aux actions atmosphériques, telles que la pression de l'eau de pluie, les grands vents, etc. Ces mouvements sur l'eau produisaient très lentement pour ces boues les phénomènes des lavoirs à houille, de sorte que tout le premier limon argileux arrivait ainsi autour des racines et des radicelles des stigmaria et commençait la formation du mur de la tourbière houillère (Pl. VI, fig. 1), mur qui devenait de plus en plus pesant, et qui à la fin ressemblait à un véritable lit de boue qui forçait l'île végétale flottante à s'enfoncer davantage (Pl. VI, fig. 2).

Les boues ne traversaient plus la tourbière quand la base de celle-ci cessait d'être spongieuse. La pourriture aqueuse commençait alors à marquer une séparation avec le mur argileux.

L'enfoncement successif de l'île flottante avait encore un autre effet, c'était de convertir en une masse désormais fixe tout le carbone des plantes, au lieu qu'à l'air la décomposition d'une végétation produit de l'acide carbonique et rien de plus.

Le limon qui n'était pas retenu par les radicelles des stigmaria descendait dans l'eau du lac et allait porter un petit contingent aux sédiments du fond.

Nous ferons ici remarquer que le limon n'était ni nuisible, ni indispensable à la végétation ; comme pour les *Orchidées* de nos jours qui souvent ne vivent qu'en parasites sur des débris végétaux, de vieux troncs d'arbres, les plantes houillères pouvaient se développer sur leurs propres débris désagrégés et décomposés, formant soutien.

Les tourbières actuelles montrent des joncacées traversant les bois devenus mous comme une éponge imbibée d'eau. En général nous voyons que les tourbières supportent aussi de grands arbres, seulement les ouragans comme celui du 12 mars 1876, y font de grands ravages : La vallée de la Somme a perdu ce jour-là

Fig 1 *Mur de veine montrant une racine et des radicelles de Stigmaria.*

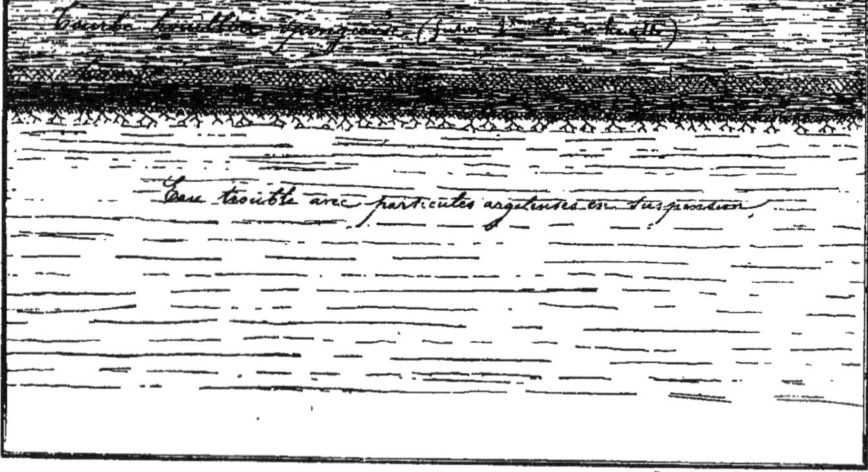

Formation d'une veine de houille, Fig 2
Première phase,

beaucoup de ses plus grands bouleaux qui avaient leurs racines dans la couche de tourbe existante. Si on n'enlevait pas ces arbres dans ces marais tourbeux ils se mêleraient à la masse, conserveraient leurs propriétés combustibles et resteraient enfouis sans rien changer à leur contexture, à leur forme apparente et sans subir aucune modification pendant plusieurs siècles.

Le lit végétal inférieur de la tourbe houillère flottante était donc formé de plantes mortes et privées d'air qui se carbonisaient par l'immersion. Cette carbonisation humide augmentait la densité de la masse qui, s'ajoutant à l'action du mur, contribuait à faire continuer lentement l'enfoncement progressif de la tourbière houillère flottante et à rajeunir la partie supérieure de celle-ci par un nouveau tapis d'herbes qui étaient toutes vivaces comme les arbustes et les arbres, et qui tous fournissaient des éléments reproducteurs avant de se changer en tourbe houillère: les calamites, des jets nouveaux ; les autres plantes, très facilement des racines adventices à cause des conditions si favorables de chaleur et d'humidité ; les stigmaria allongeaient leurs branches par le haut au fur et à mesure de l'immersion plus forte de la base de l'île flottante, comme de nos jours le nénuphar dont le pédoncule s'allonge jusqu'à ce que la fleur parvienne dans l'air atmosphérique pour y fleurir.

En résumé, le développement à la surface de l'eau et sur la prairie flottante de ces végétaux très divers était prodigieux, ils étaient bien organisés en raison du milieu auquel ils étaient destinés ; ils se propageaient aussi pour quelques-uns au moyen de rhizomes comme le font beaucoup de plantes d'eau.

Les murs des veines ont une composition plus constante que les toits.

On comprend, d'après ce qui précède, que les murs des veines au moins pour la partie qui est en contact immédiat avec le charbon de la veine, entièrement formés de matières argileuses, d'abord en agitation dans l'air, aient une composition, comme nature de roche, beaucoup plus constante que les toits, que nous montrerons plus loin, tous formés de matières en mélange dans l'eau, n'arrivant pas d'un même fleuve mais de beaucoup de ruisseaux pouvant amener chacun des matériaux de différentes natures.

Les ingénieurs de mine attachent une faible importance aux renseignements paléontologiques que peuvent donner les murs des veines ; ils n'y voient principalement que les caractères physiques, tels que la couleur, la dureté, etc. « Il faut beaucoup » de philosophie disait J.-J.-Rousseau pour voir les choses qui sont sans cesse devant nos yeux. » C'est qu'en effet dans les murs des veines du bassin franco-belge, on voit toujours ou presque toujours, comme plante dominante, la même espèce de stigmaria, qui, tout en prenant une grande part à la production de la houille par ses feuilles, *principalement pour les lits inférieurs de la veine*, formait par ses racines, radicules et radicelles le réseau végétal du mur. Cette forte proportion de stigmaria dans les lits inférieurs d'une veine montre la vigueur de ces plantes qui devait nuire aux plus faibles concurrents, au début de chaque veine, pour la possession du sol flottant.

Nous ne saurions trop insister sur la facile multiplication des stigmaria dans une station si convenable pour eux, aussi les retrouve-t-on avec la même abondance dans la houille et le mur de la veine suivante.

En Angleterre, certains murs de veine (under clay) ont une nature de composition tellement homogène et argileuse que broyés et malaxés avec de l'eau, ils donnent une argile plastique qui sert à la fabrication de produits réfractaires.

Pourquoi on ne trouve pas de murs de grès.

Il n'y a pas de murs formés de grès purs à gros grains avec stigmaria comme les murs argileux, parce que les sables gros, trop lourds, ne pouvaient pas être entraînés au loin par le vent et rester en suspension dans l'air avant de tomber sur le sol, uniformément. La poussière de sable fin pouvait seule être entraînée, c'est même elle qui rend très durs certains murs de veine. C'est encore du sable très fin et argileux qui pénètre assez généralement à l'intérieur des plus grosses racines des stigmaria,

Les houilles gréseuses et les bancs de grès noirs de certains bassins proviennent de nombreux végétaux en suspension dans l'eau du lac venant se mélanger à des sables sédimentaires amenés par les rivières.

Formation de l'havrit entre les sillons de charbon.

Lorsque la tourbe houillère inférieure, en travail de carbonisation humide, devenait comme une bouillie végétale, *future houille amorphe*, elle ne se laissait plus traverser par les poussières apportées par le vent, ces impuretés s'arrêtaient alors à peu près à la même distance du mur, formant comme une surface parallèle et séparant nettement le lit inférieur de tourbe houillère d'un lit supérieur qui, par la suite, formait ce que nous appelons un deuxième sillon de charbon. Ces impuretés intercalées et mélangées avec des végétaux couchés, formant sur une certaine épaisseur des lits réguliers comme les lits réguliers de la veine elle-même, portent le nom *d'Havrit*. C'est une espèce de houille cendreuse qui comme la houille pure n'est pas une roche sédimentaire au même titre que les schistes et les grés, comme l'admet M. Grand'Eury.

Ce sont aussi les oscillations de la tourbière houillère dans l'eau et l'action des grandes pluies qui contribuaient à faire descendre les particules argileuses pour former l'havrit, en traversant la végétation superficielle ; mais ici il y a mélange avec les végétaux tombés, constitutifs de la veine ; c'est pourquoi les havrits des veines ne sont pas absolument terreuses comme les murs, mais présentent toutes les compositions depuis le charbon impur (Escaillage des mineurs) jusqu'au schiste pur.

Le lit d'havrit n'a pas de position imposée dans une veine, il est tantôt en haut, au milieu ou en bas de ces veines, certaines couches de houille n'ont même pas d'havrit, d'autres n'ont que de minces barres schisteuses ; mais les havrits et la partie supérieure du mur d'une veine ont une origine commune, il est donc naturel de trouver que les cendres des havrits ont souvent la composition des schistes du premier banc du mur et qu'elles sont de même couleur ainsi que les cendres du charbon de la veine. La couleur rouge provient du fer, ce qui montre que la houille, l'havrit et le premier banc du mur ont trempé dans la même eau superficielle ferrugineuse.

La houille des veines de charbon est disposée dans le bassin franco-belge en sillons réguliers nettement séparés entre eux.

C'est après la formation des havrits — ce qui marque déjà un certain âge de la veine en formation — que commence à s'opérer la délimitation nette du mur avec cette veine et les séparations non moins nettes des divers sillons de houille et d'havrit, c'est-à-dire ce que, à Saint-Etienne, les mineurs appellent des desso-lardes. Cette délimitation et ces séparations se sont ensuite accentuées dans les opérations successives et toutes naturelles, que la veine a subies, mais la cause principale et suffisante pour produire les séparations nettes qu'on observe, expliquées jus-qu'ici de tant de façons différentes, a été la production d'une bouillie végétale, véritable gelée formée aux dépens des végé-taux, suivant des zones parallèles entre elles, en même temps qu'elles le sont aux surfaces terreuses des murs et des havrits. Constamment dans l'eau, à l'abri de l'air, cette gelée, noire comme de la poix, ne subissait pas de corruption et ne se détrui-sait pas.

J'insiste sur un point capital, c'est que cette bouillie végétale a été formée sur place et non préparée en dehors du bassin dans des marécages étendus.

La surface de séparation du mur avec la tourbe houillère et les séparations des différents lits entre eux, devaient être aussi nettes à la fin de la formation d'une veine que celles que nous observons actuellement entre les différents lits de la tourbe moderne, quoi-que dans les tourbières la cause qui produit ces séparations soit différente.

Densité de l'havrit.

La densité de l'havrit varie depuis $1^{k\cdot}300$, charbon pur, jusqu'à $2^{k\cdot}200$, schiste à peu près pur. Cette densité dépend de la propor-tion des végétaux qui entrent dans l'havrit.

Pour la même raison que pour les murs, il n'y a pas de gros sable dans les havrits.

Ainsi donc, nous avons montré que la partie supérieure des murs de toutes les veines de charbon, toujours argileuse, a été amenée par les vents sous forme de poussières retenues ensuite par les racines chevelues des stigmaria, et que les schistes plus ou moins charbonneux qui séparent les divers sillons de houille, sont le résultat du mélange de ces mêmes poussières, amenées aussi par les vents, avec une certaine épaisseur de tourbe houillère.

Cette disposition en sillons de tourbe houillère pure et en lits terreux pendant la formation d'une veine de charbon, pourra favoriser plus tard, suivant le lit séparatif de la houille et de l'havrit, le détachement d'un ou plusieurs sillons de tourbe houillère pure pour former une veine sans mur appelée en exploitation de mines : *Veine perdue.*

Formés comme nous venons de l'expliquer, les lits d'havrit ne renferment jamais de belles empreintes, les végétaux n'étant pas isolés, mais comprimés les uns sur les autres dans une bouc tor reuse ; il est, en effet, assez difficile de distinguer les espèces de plantes dans les havrits comme dans la houille elle-même ; c'est regrettable, car les plantes dans les havrits étant rigoureusement constitutives de la veine, elles fourniraient des renseignements d'une grande valeur pour relier les couches de charbon de deux exploitations différentes dans le même faisceau.

Observations sur les murs des veines des bassins du centre de la France.

Le rôle rempli par les stigmaria pour chaque veine du bassin houiller franco-belge est moins constant dans les bassins du centre de la France ; une espèce de fougère, le Psaronius ou bien les souches de Cordaïtes pourraient y avoir rempli par *place* un rôle analogue.

Mais pour former des murs qui doivent être forcément argileux dans les parties supérieures servant de support aux veines, comme nous l'avons prouvé, il est nécessaire que les contours des bassins soient de nature très schisteuse, ce qui n'a guère lieu pour les bassins du centre, puisque les roches désagrégées n'ont fourni pour la sédimentation :

« A Commentry, que 10 % de schiste dans l'ensemble du terrain houiller (M. Fayol). A Saint-Etienne la proportion n'est guère plus forte.

Tandis que dans le bassin belge, au mériden passant par Pâturages, à 14 kil. à l'Est du méridien passant par Blaton, la moyenne sur 2160 m. de terrain houiller connu, indique 70 % de schiste (Gustave Arnould).

Si l'on cite dans les bassins du Centre des veines sans mur, reposant par hasard sur des grés, comme la deuxième couche de la Malafolie (Loire), à la carrière Layat, c'est que les schistes intercalés entre les sillons de houille pure auraient produit, avec une macération prolongée des végétaux, la densité nécessaire pour obliger l'entraînement de ces veines au fond du lac.

La couche d'antracite qui, dans le Roannais, repose directement sur le quatz lydien, a pu être formée de même à la surface de l'eau, comme une île flottante de Clairmarais, et s'enfoncer ensuite par le poids des matières terreuses étrangères mélangées.

Pour les stipites de Fuseau (Bouches du Rhône) ce sont des Rhyzocaulées qui ont rempli le rôle des stigmariées.

Pour les lignites du terrain tertiaire, ce sont sans doute des joncs qui ont rempli ce même rôle. C'est la représentation la plus voisine des îles flottantes de Clairmarais qui sont le dernier terme de l'enchaînement continu et sans saut léquel a commencé en Europe à l'époque dévonienne.

Les arbres, arbustes et roseaux de l'époque houillère.

La masse tourbeuse et herbacée de ce que nous pouvons appeler la prairie houillère flottante était traversée par des troncs d'arbres, ou, plus exactement, par d'immenses roseaux plus ou moins ligneux, grandissant à part jusqu'à leur entier développement, sans plantes grimpantes les enserrant jalousement et leur ravissant l'espace nécessaire à toute leur croissance ; s'élançant dans l'air à de grandes hauteurs, avec leurs formes propres dans toute leur individualité, ramifiés seulement à la tête pour la plupart, comme les rares fougères arborescentes et les lépidodendrons. (Pl. VII).

Les racines de ces arbres étaient à différents niveaux dans

Ludovic Breton del.

l'épaisseur de la tourbière, elles pouvaient quelquefois, mais rarement, descendre dans le mur même ; les radicelles de ces racines avaient alors la fonction utile, avec les stigmaria, d'aider à la construction du mur de la veine ; mais le plus souvent, les racines des arbres étaient à tous les niveaux de la masse tourbeuse comme on peut l'observer de nos jours pour les prêles dans les tourbières.

La grande serre du jardin d'acclimatation, à Paris, dont nous avons déjà parlé, renferme des fougères arborescentes comme celles de l'époque houillère.

On peut remarquer qu'elles croissent dans des vases de terre cuite ou de bois d'un diamètre peu supérieur à celui des troncs, les racines sont donc très peu développées et la quantité de terre qu'il y a dans les vases est très faible.

La chute des arbres et des arbustes de l'époque houillère ainsi que celle de leur feuillage a contribué avec les branches et les feuilles des stigmaria à la formation d'une veine de charbon.

Les feuillages de tous les arbres et des roseaux tombaient sur la surface végétale de l'île, soit naturellement, soit par le vent, soit par la pluie, et par place formaient des monceaux qui se tassaient au fur et à mesure, y subissaient une pourriture humide et contribuaient pour une bonne part à la formation de la houille, car les feuilles étaient les organes les plus importants de cette végétation ; les nombreuses cicatrices laissées sur les troncs des sigillaria en sont une preuve parlante ; quelques feuilles seulement, les plus légères et les plus ligneuses, comme celles des fougères, les astérophyllites et les annularia formant la desserte de la grande table végétale étaient entraînées par le vent, hors de l'île et tombaient brisées, mises en pièces sur l'eau du lac ; elles s'y étalaient et descendaient ensuite au fond de ce lac après avoir parcouru entre deux eaux une certaine distance ; mais les bords du bassin étaient cependant privilégiés pour recevoir davantage de feuilles, c'est ainsi que, en descendant des affleurements actuels, qui ne sont cependant pas les anciennes limites Nord et Sud de la zone houillère en formation, suivant la pente des stratifications stériles entre deux veines, on constate une légère diminution dans le nombre des empreintes houillères.

Ce que nous venons de dire doit mettre en garde les géologues qui voudraient reconnaître dans des restes fossiles très voisins, des parties séparées des mêmes plantes. J'ai vu quelquefois sur un espace de quelques décimètres carrés, plus de dix espèces différentes de plantes appartenant à des familles différentes aussi.

Les roseaux eux-mêmes après leur chute faisaient comme les feuilles, se tassaient en pourrissant dans l'humidité et contribuaient aussi sur place pour une part très importante à la formation de la tourbe houillère, de la façon la plus naturelle, comme pour les tourbières actuelles, sans le concours d'une action énergique.

Plusieurs arbustes, les plus ligneux, restés couchés sur le gazon émergé de l'île, s'y desséchaient fortement à l'air, s'émiettaient, se dispersaient quelquefois par le vent et ne subissaient pas la houillification, ils finissaient par être compris dans la formation de tourbe houillère où ils sont comme à l'état fossile ; c'est l'origine du fusain qu'on trouve dans la houille parallèlement aux lits de la veine, marquant distinctement la stratification des houilles homogènes ; tandis que les feuilles tombées en minces couches superposées, après un classement subséquent pendant quelques instants dans l'eau superficielle de la tourbière houillère flottante, après une pluie importante par exemple, sont l'origine de la structure schistoïde et si régulière de la houille, avec une pureté si grande qu'on ne peut concevoir l'idée d'un transport, comme le croient MM. Grand'Eury et Fayol.

Deux ou trois mois d'exposition dans cette atmosphère humide, chaude, étouffante comme celle d'une étuve, devaient suffire pour vider l'intérieur mou des végétaux et les réduire à leur enveloppe corticale. Il ne faut pas davantage de temps aujourd'hui dans les Antilles pour voir pareil phénomème se produire pour certains arbustes. Les galeries de retour d'air dans les mines de houille, où l'atmosphère est chaude et humide, montrent que les bois qui servaient au boisage, cependant beaucoup plus ligneux que les arbres de l'époque houillère, sont complètement pourris à l'intérieur au bout d'un certain temps, tandis que l'écorce, riche en tannin, reste intacte et forme un fourreau.

Il ne faut pas chercher les années de croissance dans les

plantes houillères, ni même les saisons dans le sens de grandes variations dans la température ; c'était un été perpétuel comme actuellement sous les tropiques ; le froid, ce fléau meurtrier pour les plantes, n'existait pas dans notre pays ; par conséquent pas de modération dans l'essor de la sève dans le tissu des plantes, pas de sève de printemps ni de sève d'août ; la vie végétale ne se reposait jamais, la pousse n'avait d'arrêt que la chûte de l'arbre ou du roseau par le vent ou même le plus souvent s'abîmant par son poids, mourant de pléthore, peut-être avant d'avoir vécu ce que nous appelons maintenant une saison.

Malgré une stratification parfaite dans la houille, cette absence de saison ne permettra jamais de distinguer dans les arbres les divers accroissements annuels et elle rendra toujours difficile la détermination de la durée de la formation houillère, dont nous essayerons cependant de donner une méthode approximative qui n'exagère pas l'idée du temps dont on abuse parfois en géologie.

On peut voir facilement dans la houille, lorsque l'on en désagrège les feuillets, que les végétaux tombés sur place y sont bien déposés et aplatis sur leurs grandes faces ; la pourriture aqueuse a commencé la houillification.

On ne peut vraiment s'empêcher d'admirer la nature harmonisant ainsi merveilleusement les moyens qu'elle employait avec les fins qu'elle se proposait ; ainsi, le sol spongieux des tourbières houillères était bien propre à ne pas retenir plus qu'il n'était nécessaire les grands arbres de cette époque, à racines peu développées, comme les fougères arborescentes actuelles, ou bien encore, pénétrant dans la tourbière comme les calamites, par la partie amincie, poussant avec un tissu peu ligneux tout en parties vertes qui sont les plus gourmandes d'acide carbonique ; retenant le carbone et rendant à l'air l'oxygène; ces arbres à tissus lâches et mous, croissant activement, se dilatant en tous sens étaient créés pour emmagasiner la chaleur solaire ; puis, leur destinée accomplie, au lieu de rester debout pendant des siècles comme les chênes de nos forêts, ils tombaient pour se transformer en tourbe qui deviendra charbon. Ils étaient plus utiles en se brisant qu'en résistant aux ouragans de cette époque.

Le décor devait nécessairement changer souvent pour les forêts houillères, et il arrivait qu'une chûte en masse sous l'action des grands vents, permettait en même temps à ceux-ci de répandre sur l'île flottante les poussières argileuses enlevées aux collines siluriennes, et de diviser la veine de charbon en lits séparés, avec une régularité et une multiplicité, qui font ressembler certaines coupes à travers le bassin franco-belge au tracé d'un cahier de musique.

Densité probable de la tourbe houillère.

La tourbe de l'époque houillère accumulée lentement comme je l'ai décrit, ne devait guère avoir une densité différente de la tourbe actuelle, c'est-à-dire que 1 décimètre cube sec aurait pesé environ 0 k. 444 gr. soit le 1/3 à peu près de la densité moyenne de la houille, qui est de 1 k. 300 grammes ; ce qui revient à dire que pour former une couche de 1 mètre de charbon il fallait environ une couche de tourbe houillère de 3 mètres d'épaisseur. La compression aurait donc été des 2/3. M. Grand'Eury n'admet que la moitié (page 148, mémoire sur la formation de la houille.)

Fixation approximative possible de la durée totale de l'époque houillère pour le bassin franco-belge.

Une des conséquences de ma théorie est la fixation approximative (autant que possible) de la durée totale de l'époque houillère pour le bassin franco-belge, dont le calcul devient indépendant de l'épaisseur des roches autres que le charbon ; ce calcul est dégagé par conséquent de toutes les causes qui ont fait varier l'importance des dépôts stériles ; la fixation de cette durée ne dépend plus que de la détermination d'une inconnue, à savoir: combien des végétations sensiblement continues à la surface de l'eau douce par les plantes houillères, si bien étudiées sur leurs plantes fossiles, pouvaient fournir annuellement, sans aucune perte, d'épaisseur de tourbe houillère, étant supposées les conditions climatériques exceptionnelles reconnues par tous les géologues.

Il me semble que 1/2 centimètre d'épaisseur par année ne doit pas être exagéré — Les tourbières actuelles dans le Jura donnent cet accroissement — Et alors en prenant, par exemple, les éléments si précis que j'ai déterminés aux mines de Dourges, savoir :

$7^m,65$ de charbon pour 260 m. de terrain houiller (faisceau demi-gras).

$5^m,85$ »   190 m.   »   (» gras).

$13^m,10$ »   300 m.   »   (» très gras).

____

$26^m,60$ 750 m.

En multipliant par 3 cette épaisseur totale en charbon, on a l'épaisseur qu'il a fallu de tourbe houillère $= 79$ m. 80, ce qui, à raison de 1/2 centimètre par année, donne 15.960 années pour la formation des 26^m60 de charbon, compris dans un dépôt de roches stériles de $750 — 26^m60 = 723^m40$ qui les renferment à l'état de 80 veines d'épaisseurs très diverses.

Comme corollaire, nous pouvons même déterminer l'épaisseur annuelle moyenne de sédiments amenés par les eaux, auxquels il convient d'ajouter ceux qui étaient amenés par le vent pour la partie supérieure des murs des veines, (ce ne sont que des moyennes, bien entendu, car à des époques de repos pouvaient succéder de grandes activités sédimentaires).

$$\text{Faisceau demi-gras} \quad \frac{260 - 7^m,65}{765 \times \frac{1}{2} \times 3} = 0^m,055 \text{ par année.}$$

$$\text{Faisceau gras} \quad \frac{190 - 5^m,85}{585 \times \frac{1}{2} \times 3} = 0^m,052 \quad »$$

$$\text{Faisceau très gras} \quad \frac{300 - 13^m,10}{1310 \times \frac{1}{2} \times 3} = 0^m,036 \quad »$$

Ces chiffres décroissants peuvent servir à montrer l'influence de la forme du bassin en tronc de cône, et comme on le voit ils n'ont rien de contraire à la raison.

L'épaisseur totale sur une même normale de toutes les veines réunies du bassin franco-belge est assez approximativement de 50 mètres, ayant exigé par conséquent 150 mètres d'épaisseur de tourbe houillère, ce qui à raison de 1/2 centimètre en moyenne par année donne 30.000 années pour le temps qu'a duré la formation.

La question suivante se pose de suite aux géologues :

Pendant ces 300 siècles, si le lac houiller franco-belge était fermé aux invasions des mers salées, quels sont donc les terrains qui y continuaient la formation carbonifére dans ces mers ; ce serait sans doute, d'abord le Millstone-grit des bassins anglais qui serait alors de même contemporanéité que celle des premiers dépôts du bassin franco-belge, ce qui est généralement admis ; mais ensuite les formations houillères anglaises eurent lieu dans des lacs fermés comme le lac franco-belge et pendant la même époque ; c'est donc seulement pendant cette longue et seconde période que la question doit rester posée. Pour le moment nous laissons la réponse à l'étude.

Suite de la formation d'une veine de charbon, son départ pour le fond du lac.

Continuons maintenant à suivre la formation d'une couche de charbon : Lorsque au poids de la partie supérieure du mur d'une veine et à celui de tourbe houillère se macérant de plus en plus, s'ajoutait encore le poids des havrits comprimant ces tourbes et augmentant la densité de la masse, d'autre tourbe, même spongieuse pouvait recouvrir les havrits, il arrivait un moment où les poussières nouvelles amenées par le vent, ou même la compression naturelle donnait à toute l'île flottante une densité moyenne supérieure à celle de l'eau et l'entraînement au fond du lac commençait. Un rien, un grain de poussière avait ainsi peut-être été la cause de l'extinction de plusieurs espèces de plantes qui ne devaient plus jamais reparaître. Pl. VIII. fig. 1.

Les derniers végétaux tombés sur l'île, trop légers, principalement les branches et surtout les feuilles restaient à la surface, flottaient, se macéraient, Pl. VIII, fig. 1, devenaient plus denses à leur tour et repartaient ensuite au fond se mélanger aux sédiments du toit de la veine, rendre ce toit charbonneux et y déposer les nombreuses empreintes que l'on y rencontre, Pl. VIII, fig. 2. (Je fais abstraction pour le moment des végétaux debout qui peuvent se trouver entraînés avec la veine.

La grande majorité des empreintes fossiles qui se trouvent dans le toit d'une veine de charbon sont donc la représentation de la dernière végétation aérienne de cette veine. Cette même

Suite de la formation d'une veine de houille,
Fig.1 Deuxième phase,

Fig 2 Troisième phase,

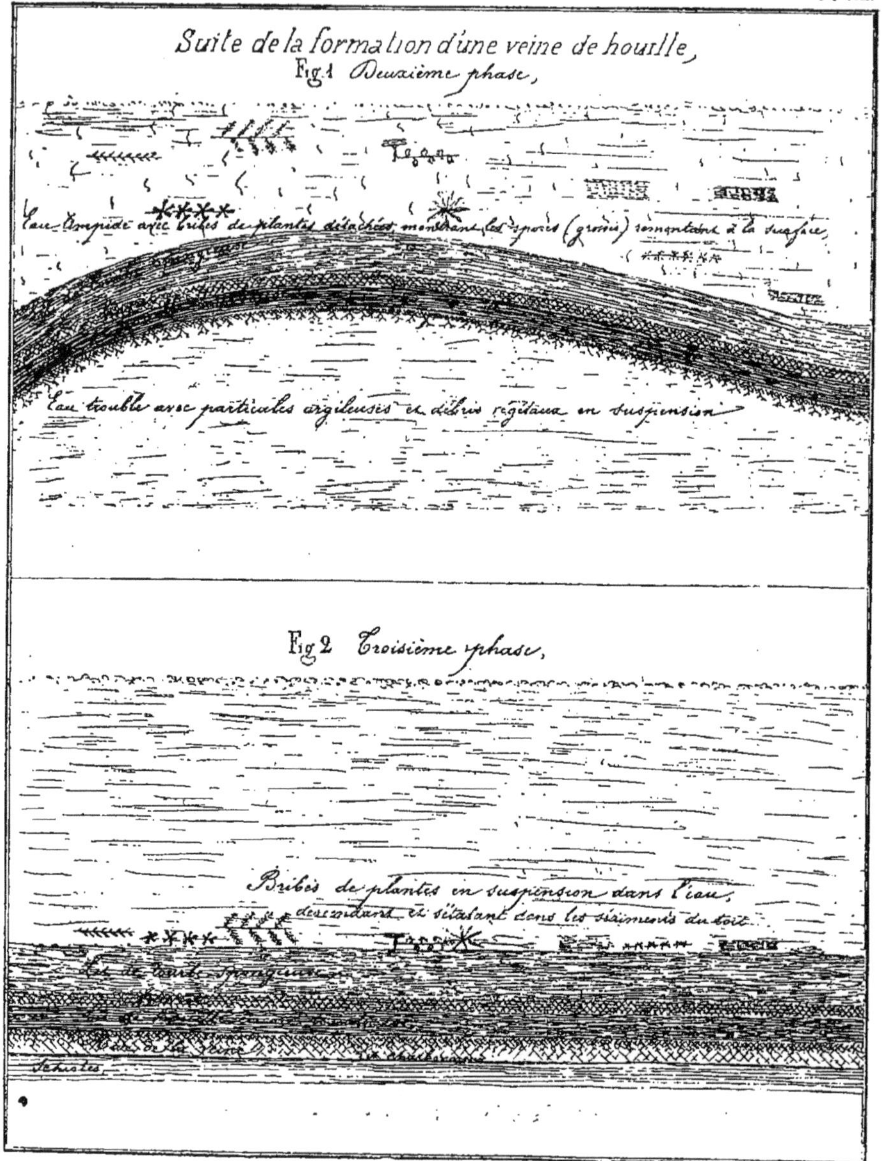

Ludovic Breton del.

végétation doit se retrouver forcément comme ayant formé le charbon de la partie supérieure de la veine. Tels sont les rapports intimes que j'ai signalés en 1872 dans mon étude géologique sur le terrain houiller de Dourges entre les empreintes trouvées dans le toit d'une couche de houille et les végétaux qui ont formé cette couche.

Dans le charbon de la partie inférieure de la veine, c'est-à-dire celle en contact avec le mur, les stigmaria, plantes aquatiques, entrent dans une très grande proportion dans le mélange et cette proportion, dans la composition, va toujours en diminuant en s'élevant du mur vers le toit de la veine. La conclusion est que les analyses du charbon de toutes les veines du bassin franco-belge, pour être comparables entre elles, doivent porter sur des échantillons pris dans la partie de la veine en contact immédiat avec le toit. Je n'ai pas besoin d'insister davantage pour faire partager mes doutes sur la valeur des résultats d'analyses chimiques qu'on trouve toujours dans toutes les monographies des houillères du bassin franco-belge. Nous avons encore là, dans la végétation aérienne houillère superposant une végétation aquatique, un exemple de comparaison avec les phénomènes actuels dans les tourbières : d'après Élie de Beaumont, « il se » développe dans les eaux stagnantes, où la tourbe prend nais- » sance, deux espèces de végétation ; l'une au fond engendrée » par des végétaux aquatiques ; l'autre superficielle, produite par » des plantes terrestres qui prennent racine sur une espèce de » radeau solide formé par les feuilles et les bois morts qui » surnagent et que viennent grossir une infinité de débris » organiques. Une fois que ces végétaux terrestres ont pris » naissance, il se forme à la surface de l'eau un gazon superficiel » qui se consolide de jour en jour ; sa solidité s'accroît constam- » ment et il peut bientôt servir de support à des arbres asséz » grands. »

Dans le lac houiller, après le départ d'une couche de houille tourbeuse, des végétaux remontaient à la surface de l'eau en vertu de leur légéreté relative, il s'en trouvait même qui étaient encore vivants ; mais les organes des stigmaria étant les plus aquatiques rapportaient ce qui était nécessaire pour recommencer toute la série des mêmes phénomènes, comme cela se passe dans les fossés des marais après l'enlèvement de la végétation aquatique superficielle et où, peu de temps après, la surface de l'eau redevient verte par une autre végétation.

Parmi les plantes sèches et mortes qui étaient restées flottantes, quelques-unes servaient d'asile à beaucoup de spores ; celles-ci, remontées à la surface de l'eau avaient leur manière d'être, leur mode particulier de développement, elles fournissaient rapidement des végétaux pareils à ceux qui leur avaient donné naissance. Pour les fougères et les calamites on sait que la génération était alternante, c'est-à-dire que le premier végétal créé appelé le « prothalle » ressemblait à la grand'mère et non à la mère, comme cela se passe de nos jours pour les fougères et les prêles, mais les prothalles engendrent ensuite le végétal type. Nous donnerons une idée des facilités d'extension superficielle des prêles, par exemple, en disant qu'aujourd'hui un même pied peut donner naissance très rapidement à tous les individus d'un marais. Nous ignorons si pour les stigmaria la génération était aussi alternante.

Arrivée d'une veine de charbon au fond du lac.

Combien de temps une veine mettait-elle pour descendre jusqu'au fond ? Peu importe ; en route, elle rencontrait d'abord les particules argileuses qui, par leur légéreté relative, se trouvaient toujours à la partie supérieure du lac ; ces particules étaient retenues par les extrémités des longues racines de stigmaria et complétaient l'épaisseur argileuse du mur de la veine, sous la forme d'un second banc. Quelquefois, un peu plus bas, la veine rencontrait des particules sableuses mélangées aux particules argileuses, c'était, par ordre de densité, le classement naturel des impuretés en suspension dans l'eau trouble du lac ; dans ce cas au mur argileux s'ajoutait une zone inférieure que les mineurs désignent sous le nom de *dur mur*, qu'ils évitent d'entamer quand les galeries d'exploitation peuvent se creuser plus facilement dans le toit de la veine.

A l'arrivée au fond du lac, Pl. VIII, fig. 2, la veine épousait la forme du plancher souvent ondulé, rarement horizontal, destiné à la recevoir, car l'horizontalité parfaite montrerait les surfaces des veines rigoureusement paralèlles entre elles, ce qui n'existe pas, mais la cause des variations d'écartement entre les veines a été attribuée jusqu'ici à des mouvements irréguliers du sol, alors qu'elle tient aux irrégularités d'épaisseur des sédiments amenés par les eaux.

Les premiers bancs des murs et des havrits furent donc de véritables véhicules et leur histoire géologique est commune avec l'histoire géologique des veines de charbon, tandis que les toits comme nous allons le voir ont une origine indépendante.

Nous ferons aussi remarquer, malgré une apparence paradoxale, que la veine avec le premier banc de son mur sont contemporains des couches sédimentaires de schistes et de grès qu'ils superposent.

Mince lit charbonneux qu'on trouve quelquefois au mur d'une veine.

Si, pendant la descente d'une veine, il y avait beaucoup d'organes de végétaux en suspension dans l'eau du lac, ils étaient rencontrés et entraînés, les plus petits restaient enchevêtrés dans les radicelles des stigmaria où on les retrouve dans les murs à l'état fossile ; les plus grands formaient à l'arrivée de la veine, sous le mur, une couche de végétaux qui se carbonisaient aussi et devinrent ce que, en exploitation de mine, on appelle un *voisin* au mur d'une veine.

Le voisin ainsi formé est ordinairement très mince et irrégulier d'épaisseur.

Les belles empreintes qu'on trouve quelquefois sous le mur d'une veine ont cette même origine.

Formation d'une veine perdue.

Un voisin plus épais sous le mur provient d'un sillon tourbeux, assez spongieux pour flotter entre deux eaux, abandonné en route par la veine précédente à une séparation d'havrit et rencontré, puis entraîné par la nouvelle veine en descente ; ce voisin, malgré son épaisseur, n'a alors pas de mur caractérisé par des radicelles de stigmaria, comme tous les murs de veines. Lorsqu'il a une épaisseur exploitable, il porte le nom de *veine perdue*, et si cette veine repose sur des grès, on dit, sans se rendre compte du pourquoi, qu'elle a un mur de grès. Ce cas est du reste très rare. Une veine perdue peut même, après un assez long temps de macération dans l'eau qui augmente sa densité et en fait comme une éponge imbibée d'eau, arriver seule au milieu d'un dépôt de roches stériles, grès ou schistes.

Formation et constitution habituelle des toits des veines.

Aussitôt en place, la grande épaisseur de l'eau faisait sa pesée sur la couche tourbeuse ; pesée, augmentée bientôt par celle des sédiments argileux ou sableux qui recouvraient la veine et l'enfermaient dans sa tombe. Ces premiers sédiments sur la veine portent le nom de *toit* de la veine. C'est la pression très considérable et le temps immense écoulé qui ont fait de la houille avec la tourbe houillère. Cette pression a été utile aussi pour accentuer encore la séparation du charbon avec le mur et faire une délimitation bien nette.

Le toit d'une veine est ordinairement charbonneux près de cette veine ; ce fait a été produit par l'arrivée nombreuse des végétaux et des bribes laissés en route à cause de leur légèreté relative et de leur peu d'adhérence à la partie supérieure de la veine en descente, comme aussi du peu d'argile ou de sable en mélange dans l'eau après la descente de la veine, celle-ci ayant opéré, après son passage, une clarification de l'eau du lac, à la façon de la colle de poisson dans le vin ou la bière ; puis le toit est de moins en moins charbonneux par la diminution dans la quantité des plantes qui arrivaient ensuite.

Les sigillaria étaient sans doute les végétaux les plus denses, car ils sont souvent les plus rapprochés de la veine, et leurs feuilles plus denses encore que le bois sont toujours dans la veine à l'état de charbon.

Lorsque le toit est par trop charbonneux, il porte le nom de *faux toit*.

Enfin le toit de la veine continuait à se former et était lui-même recouvert par des roches stériles jusqu'à l'arrivée d'une autre

Ludovic Breton. del.

veine descendant de la surface productrice de tourbe houillère.
Pl. IX.

Cette observation sur les schistes de plus en plus noirs près de
la veine, avait frappé Antoine de Jussieu, il y a plus de 160 ans,
lorsqu'il visita les environs de Saint-Chamond, si bien étudiés
dans ces dernières années par M. Grand'Eury ; et c'est, il me
semble, un point de comparaison important en faveur d'un même
mode de formation pour le bassin de la Loire et le bassin
franco-belge.

Origine des arbres debout, dépouillés de leur feuillage, et séparés de leurs racines qui sont dans la veine de charbon.

Ici nous expliquerons l'origine des arbres debout avec racines
dans la veine de charbon elle-même.

Lorsque la prairie ou île flottante, devenue trop pesante pour
rester à la surface de l'eau, partait pour le fond du lac houiller,
elle entraînait avec elle toute la végétation aérienne, c'est-à-dire
des arbres et des roseaux qui avaient leurs racines dans les lits
de tourbe houillère et quelquefois dans le mur même ; mais cet
entraînement avait un moment d'arrêt vers 3 à 4 mètres de profondeur, car les fougères herbacées formaient sur l'eau comme
un parapluie ouvert. Après avoir vaincu cette première résistance,
il y avait un nouvel arrêt vers 10 à 20 mètres de profondeur,
parce que les grandes branches dichotomes des lépidodendrons
et les rares fougères arborescentes opposaient aussi une nouvelle
résistance, de là une tension s'accentuant de plus en plus avec la
macération prolongée de la tourbière, se terminant enfin par un
arrachement facile — les racines étant peu retenues — qui laissait suspendus en entier les arbres les plus branchus et les plus
ligneux, et la partie supérieure de ceux dont les troncs étaient
les moins résistants, comme les sigillaria et les calamites. Pendant ces moments d'arrêt, les herbes aériennes, telles que les
fougères herbacées, mouraient dans l'eau, sur place, se couchaient
sur la tourbière ou se détachaient pour remonter flotter à la surface. La tourbière houillère partait donc avec des portions de
troncs enracinés appartenant principalement aux familles des

sigillaria et des calamites, dont les feuilles à faible attache, principalement pour les premiers, étaient déjà tombées au pied de l'arbre et formaient dans les veines de houille quelques-uns des renflements que l'on y remarque. Quant aux troncs dépouillés, ils forment, normalement aux veines de houille, les arbres qu'on trouve dans les toits de ces veines. Pl. X, fig. 3.

Les sigillaria, quand ils sont nombreux, sont un danger permanent pour les mineurs par les cloches qu'ils forment dans les tailles d'abatage de la houille ou dans les galeries de roulage. C'est ce que l'on observe dans la veine n° 9 de la fosse Mulot, aux mines de Dourges, où ces végétaux, en très grande quantité et d'un diamètre de 0ᵐ50 à 0ᵐ80, ont largement contribué par la chute d'un grand nombre d'entre eux et de leur feuillage à donner à cette veine les renflements que l'on y constate.

Pourquoi les arbres debout ont à l'intérieur une roche de nature différente à la base que la roche qu'ils traversent.

Les sigillaria debout ne sont, comme les calamites, généralement pas de même roche que celles des terrains environnants, aux mêmes niveaux. La partie intérieure de ces grands roseaux subissait par leur macération dans l'eau une décomposition rapide, 2 ou 3 ans devaient suffire, pendant lequel temps la compression de la tourbe houillère guillotinait le roseau à l'arrasement du toit et marquait la séparation que l'on observe presque toujours avec la veine ; l'écorce plus ligneuse et plus riche en tannin a seule résisté et a seule été transformée en houille. Pendant cette décomposition de l'intérieur du roseau, les sédiments du toit de la veine se formaient, s'élevaient et emprisonnaient, sans les abattre, ces vieux témoins des forêts houillères, puis arrivaient des sables, par exemple, et lorsque le niveau sédimentaire avait atteint le haut du tronc, ce sable remplissait le roseau creux jusque sur sa base tronquée qui était écartée de quelques centimètres de la couche de houille. Pl. X, fig. 3.

La section transversale des arbres debout dans le toit des veines est souvent elliptique. Pl. X, fig. 1 et 2 ; il y a intérêt à appeler l'attention des ingénieurs sur la direction du grand axe

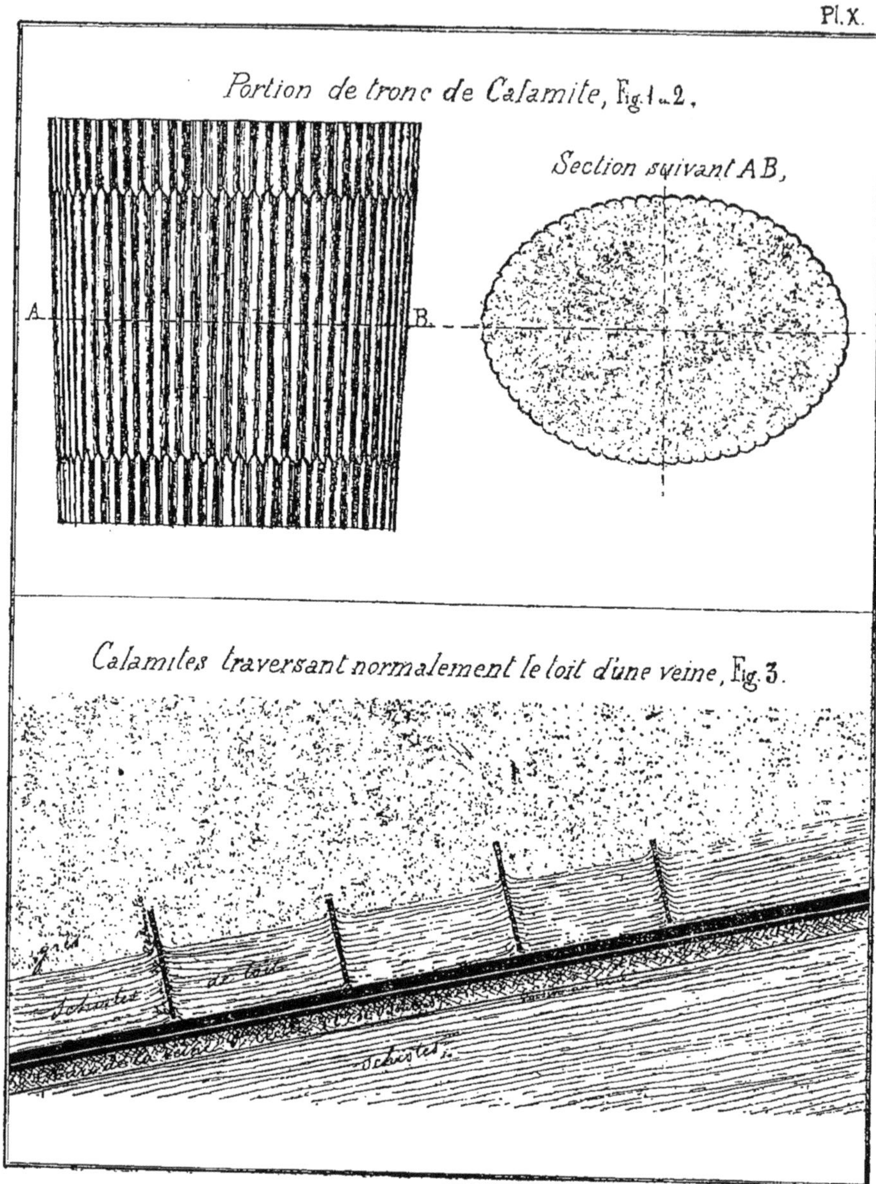

Ludovic Breton del.

de l'ellipse. Si toutes les observations constataient que ce grand axe est toujours dirigé de l'Est à l'Ouest, il y aurait là une preuve de plus que ces arbres ont été entraînés avec la couche de tourbe houillère dans sa descente, parce que, actuellement, on observe que les arbres ont un tronc de section grossièrement elliptique et que le grand axe de l'ellipse est toujours dirigé de l'Est à l'Ouest.

On remarque que les sédiments du toit se sont plus tassés que le roseau lui-même ; c'est pourquoi on voit toujours autour du roseau debout, de légers relèvements des couches enveloppantes, formant un cône dont l'axe serait sur l'axe même du roseau.

Aussitôt l'opération finie de l'arrasement du roseau avec la veine, la partie de ce roseau participait avec les racines restées dans la veine à la carbonisation générale sous forme d'une bouillie ou gelée végétale qui a détruit la continuité que l'on devrait reconnaître avec le tronc qui est resté dans le toit.

Ce que devient le feuillage de la belle végétation aérienne après l'enfoncement de la tourbière houillère.

Nous avons montré que de toute la végétation aérienne, il n'y avait d'entraîné avec la tourbière que la partie inférieure des sigillaria et des calamites. Le reste de cette belle végétation flottait sans vie à la surface de l'eau, soumise à l'action des vents qui produisait sur elle un effeuillage rapide. Parmi les feuilles de sigillaria, celles qui n'étaient pas parties avec la veine, de consistance molle, très denses, formaient une masse gluante qui pourrissait vite, se distinguant peu des produits ulmiques et qui s'enfonçait rapidement dans l'eau, rejoignait la veine et s'étalait sur elle. C'est ce qui explique la difficulté de trouver parfois la moindre feuille de sigillaria, au grand désespoir des botanistes, malgré la présence de nombreux troncs appartenant à plus de 30 espèces (en 1883, M. R, Zeiller a reconnu des cônes de fructification de sigillaires sur des empreintes provenant des mines de l'Escarpelle).

Les verticilles des calamites résistaient peu aussi ; cependant nous dirons que si les astérophyllites sont des branches articulées, simples ou ramifiées, naissant en verticilles de tiges calamitoïdes, quelques-unes d'entre elles ont pu avoir un sort différent comme les feuilles de fougères.

Celles-ci, en effet, sont restées étalées sur la surface de l'eau et ont continué à vivre tant que les tiges restaient attachées à la couche suspendue et que le vent ne les arrachait pas ; mais après le départ de la veine il en fut tout autrement, les tiges ligneuses et légères se couchèrent sur l'eau, perdirent leur beau feuillage, dont les débris s'étalaient avant de descendre lentement au fond, très lentement même, leur forme plate ne permettant pas une chute rapide dans l'eau ; c'est pourquoi ces belles empreintes, sortes de plumes végétales, et les branches légères, bien conservées malgré un climat très chaud, n'arrivaient à destination que lorsque le toit de la veine était déjà formé sur 0^{m}40 à 0^{m}50.

La plupart de ces empreintes sont très belles parce que les feuilles ont été surprises vivantes, elles n'ont pas, ou ont peu subi l'influence de l'air, ayant commencé à quitter la surface de l'eau alors qu'elles étaient encore vertes.

Il est très rare de trouver une fronde complète de fougère, elles étaient brisées et mutilées par le vent avant de s'étaler sur l'eau du lac.

Rareté des troncs de fougères dans le bassin franco-belge.

Dans le bassin franco-belge, si riche en feuilles de fougères (plus de 50 espèces sont connues) les roseaux couchés qu'on trouve dans les toits appartiennent beaucoup aux calamites, aux sigillaria et aux lépidodendrons ; on voit qu'ils sont tombés de la surface et n'ont pas été transportés du dehors, ils montrent une compression après dépôt et la roche intérieure est de même nature que la roche encaissante, mais parmi les fougères une seule famille, les *cauloptéridées*, offre de très rares troncs tombés peu de temps après le départ d'une veine.

Je n'ai jamais trouvé de troncs de fougères debout. Il faut admettre que leur nature trop ligneuse les protégeait contre les effets de la macération et leur conservait une légéreté relative qui les obligeait à rester à la surface et à être compris dans la nouvelle couche de tourbe houillère flottante, ou bien que les fougères arborescentes étaient moins abondantes que les fougères herbacées, ce qui est plus probable.

Dans tous les terrains houillers on rencontre quelquefois des troncs d'arbres debout, en position normale, isolés dans les roches stériles qui séparent deux veines de charbon.

Pendant le dépôt des roches stériles entre deux veines, il tombait quelquefois du plafond, comme je viens de le dire pour les roseaux couchés qu'on trouve si souvent dans les toits des veines, des troncs d'arbres restés suspendus dans une position verticale, sans doute emprisonnés, pendant la suspension de la veine, par la première couche de tourbe houillère de la nouvelle voine en formation. Ce sont surtout les troncs des arbres de très facile macération comme ceux des sigillaria et des calamites que l'on trouve ; l'intérieur mou, désorganisé, s'emplissait de boue provenant des poussières tombées sur l'île flottante et lorsqu'une certaine quantité de ces boues se fixait vers la base des troncs il y avait tension d'abord et entraînement ensuite ; l'arbre tombait verticalement comme une flèche, en totalité ou en partie, au fond du lac et s'y fixait debout ou à peu près debout. Une flèche qui retombe sur le sol n'est jamais, non plus, après sa chute, rigoureusement verticale, la réaction du sol ayant une influence d'autant plus forte que l'extrémité est moins en pointe. Ensuite, le remplissage intérieur complet de l'arbre avait lieu, comme je l'ai indiqué plus haut pour les arbres qui avaient leurs racines dans la couche de tourbe houillère et qui accompagnaient la veine dans sa descente ; les têtes des calamites restaient dans la nouvelle veine en formation. Telle est l'origine des troncs d'arbres qu'on trouve debout dans les interstratifications entre deux veines de charbon, mais ils ne forment jamais dans le bassin franco-belge l'horizon d'une forêt fossile, parce qu'ils ne tombaient pas au même moment. Leur nombre est du reste assez restreint. Presque toujours ces arbres avaient déjà perdu leurs racines et un bout de tronc, lors du départ d'une couché de tourbe houillère dans laquelle ces racines se trouvaient à l'état d'un commencement de carbonisation qui favorisait la rupture avec le tronc. Lorsque, exceptionnellement, des racines sont restées fixées au tronc, elles ont nui à la rapidité de la chute en faisant parachute dans l'eau ; au point de fixation dans la roche, les racines inférieures plus petites paraissent alors avoir poussé sur place, et les grosses racines étalant les bras, prouvent qu'elles flottaient davantage dans l'eau bourbeuse.

Ce sont ces caractères qui ont induit en erreur M. Grand'Eury. Ce savant ingénieur géologue fait pousser sur place les forêts fossiles.

M. Fayol les fait charrier par les eaux en même temps que des sédiments minéraux ; « un certain nombre de troncs pou-
» vaient s'immerger debout et être entourés d'un dépôt consis-
» tant de sable, par exemple, qui les fixait dans leur position d'une
» manière définitive. »

Les calamites du Treuil à Saint-Etienne avaient 5 à 10 mètres de hauteur, leur chute verticale dans l'eau a protégé leur fragilité et des dépôts sableux abondants les ont enveloppés rapidement.

Les arbres debout ne sont donc pas à leur endroit natal, comme le veut M. Grand'Eury ; ils ne viennent pas non plus du dehors, comme le croit M. Fayol ; ils sont seulement sur la verticale de leur endroit natal. Où seraient passées les racines des troncs de ceux des arbres fossiles du Treuil qui manquent de ces organes, si ces arbres étaient à leur endroit natal ?

Rôle important de la coureuse de gazon dans le bassin franco-belge.

Revenons maintenant à la première veine de charbon, c'est-à-dire à la *coureuse de gazon*, que nous avons un peu délaissée. Cette veine intéressante a-t-elle disparu sans laisser remonter à la surface quelques organes de reproduction pour les stigmaria ? Ce serait presque à le croire, quand on voit l'énorme épaisseur, plus de 600 mètres de roches sédimentaires stériles qui la recouvrent et, par conséquent, le temps considérable écoulé entre le dépôt de la coureuse de gazon et l'arrivée de la première veine du faisceau des 3 ou 4 veines de Pontpéry et de Wiers ; la nature semble hésiter ; cependant, avec le temps, les stigmaria auront reparu doués d'un pouvoir procréateur immense ; les racines, radicules et radicelles, auront participé à la formation du nouveau mur d'une nouvelle veine ; celle-ci aura eu plus d'étendue que la première puisque le fond du lac, du tronc de cône renversé, si nous voulons, s'était exhaussé de 600 mètres. Plus haut, nous avons parlé des conferves actuelles, nous ajouterons que l'une d'entre elles, l'*amaba thermalis*, se plaît dans les sources minérales dont l'eau est à 70° au-dessus de zéro. Quoi d'impossible d'admettre que les stigmariées pouvaient vivre aussi à la surface d'une eau ayant cette température et un peu minéralisée, comme le prouvent les analyses des eaux fossiles du terrain houiller moyen faites par M. Roger Laloy.

Formation des veines de Pontpéry et de Wiers.

Les veines de Pontpéry et de Wiers ont enfin été formées ; elles furent elles-mêmes recouvertes de 7 à 800 mètres de terrain houiller sans charbon. Pour amener une telle masse de sédiments, il a fallu que les pluies tièdes et l'air atmosphérique chaud aient eu une action dégradante très puissante sur les continents voisins.

Pourquoi généralement les houilles les plus anciennes sont-elles les plus maigres ?

Quels pouvaient bien être, au début, les obstacles à une végétation active ? Nous croyons voir le principal obstacle dans la nature salée de l'eau du lac houiller. Nous avons montré que de nos jours une invasion de l'eau de la mer arrêtait même brusquement le phénomène du tourbage. Sans doute aussi que la chaleur trop grande de l'atmosphère desséchait les plantes houillères, leur rendait la vie difficile, même sur l'eau, à cause de la température élevée de cette eau à sa surface qui soumettait les plantes mortes à un commencement de distillation ou de cuisson ; les plantes ainsi bouillies dans une eau plus que tiède, ne pouvaient fournir que des houilles maigres : Les veines citées ne renferment en effet que 7 % de matières volatiles. Cette température relativement faible pour produire des actions de métamorphisme a cependant dû y contribuer beaucoup.

Augmentation successive en matières volatiles au fur et à mesure que l'époque houillère s'éloigne de son point de départ.

J'explique l'augmentation successive en matières volatiles à mesure que la formation s'éloigne de son point de départ, par un abaissement lent et graduel de la température de l'atmosphère et des eaux qui couvraient des parties de la terre.

Je crois cependant que ces actions caloriques n'avaient pas les mêmes effets sur toutes les plantes, et il suffisait que celles-ci n'entrassent pas dans la même proportion sur toute la surface végétale pour que la même couche différât un peu de nature chimique à quelques kilomètres de distance. Je ne crois pas que la pression ultérieure plus ou moins grande ait eu des conséquences aussi fortes sur la nature des houilles que l'action de la température de l'eau et les variations dans les espèces des plantes. La pression a plutôt influé sur les propriétés physiques et sur les caractères minéralogiques, elle a fait sortir beaucoup d'eau de la tourbe houillère, elle a produit la dessication qui, avec le temps, est devenue presque complète ; ce serait elle aussi qui serait la cause du lustre des houilles et des clivages avec joints contenant souvent des lamelles de carbonate de chaux.

La pression a aussi contribué au durcissement des boues argileuses sédimentaires qui ont formé les schistes.

En résumé, je crois que la composition chimique des houilles dépend principalement de trois variables :

1° La température de l'eau du lac houiller ;

2° La proportion des stigmaria par rapport à la masse végétale de la veine ;

3° La nature des autres plantes houillères.

Dans le bassin franco-belge, les couches de houille sont généralement inclinées du Nord au Sud. En partant de l'affleurement, l'épaisseur des terrains de recouvrement augmente et avec elle augmente en même temps la pression sur chaque couche de houille. L'exploitation se fait en divisant le terrain houiller en tranches horizontales de 30, 40 ou 50 mètres de hauteur verticale. J'ai remarqué aux mines de Dourges, pour toutes les veines, que dans la première tranche de 150 mètres à 180 mètres de profondeur, le prix d'abatage était moins élevé que dans la tranche en dessous, de 180 à 210 mètres. Pour certaines veines, la différence est très sensible, quelquefois 1/4 ou 1/3 et même 2/5, mais pour les autres étages inférieurs, il n'y a pas de diminution nouvelle.

Ceci ferait croire que la houille du bassin franco-belge n'est pas encore aujourd'hui absolument fixe quand elle n'est pas recouverte au moins de 200 mètres d'épaisseur de terrains.

Extension des veines en surface sur les veines précédemment formées.

A mesure que l'époque houillère s'éloignait de son point de départ, de nouvelles espèces de plantes faisaient leur apparition, nous voyons les houilles devenir de moins en moins maigres et les nouvelles veines prendre plus d'extension superficielle que les précédentes : le fond du lac s'élevait par des sédiments nouveaux, le tronc de cône renversé avait, au niveau du lac, plus de surface qu'au début de la formation. Ce niveau gagnait le Pas-de-Calais quand les charbons avaient 9 à 10 % de matières volatiles, il dépassait même Béthune et couvrait la concession de Vendin-lez-Béthune et celle de Nœux.

Plus tard, le niveau de formation s'élevant toujours, gagnait la concession de Bruay, puis celle de Marles, celle de Ferfay et n'arrivait à Auchy-au-Bois, où la rampe du rivage était un peu plus forte, que lorsque les houilles renfermaient 26 % de matières volatiles.

Transgressivité du terrain houiller et du calcaire carbonifère signalée par M. Potier.

Déjà, avant 1874, M. Potier, le savant géologue, avait signalé cette disposition dans le bassin du Pas-de-Calais et il la caractérisait : « Transgressivité du terrain houiller sur le calcaire carbonifère. »

Mais M. Potier a voulu voir ensuite une stratification transgressive dans le terrain houiller même, pour expliquer certains faits singuliers contemporains de la formation et qu'on appelle en exploitation de mines : *Dédoublement de veines.*

Formation des houilles grasses.

Après cette proportion de 26 %/₀ en matières volatiles, le bassin houiller franco-belge était couvert sur toute son étendue, depuis le détroit du Pas-de-Calais jusqu'à la Prusse Rhénane. C'était l'époque d'une végétation très active, très luxuriante ; nous avons peine à nous faire une idée de sa puissance ; toutes les forces de la nature agissaient avec une intensité prodigieuse et comme un bonheur n'arrive jamais seul, les torrents qui ravinaient les collines avaient moins de pente et par suite moins de puissance, en outre la surface à sédimenter devenant plus grande pour un même temps entre le dépôt de deux veines, l'épaisseur des roches stériles était moindre ; en d'autres termes, la proportion de charbon pour 100 mètres de terrain houiller augmentait toujours.

J'ai établi dans mon étude sur le terrain houiller de Dourges les chiffres suivants :

2^{m}94 pour 100 m. de terrain houiller dans le faisceau demi-gras ;

3^{m}07   »   »   » gras ;

4^{m}06   »   »   » très gras ;

Il arrivait alors au fond du lac (en donnant aux mots un sens très relatif) veine sur veine, c'était l'époque de formation du riche faisceau de Lens (Pas-de-Calais) qui couvrait aussi les concessions voisines.

Description d'ensemble des différentes opérations de la houillification au moment de la plus grande richesse végétale.

A ce moment de la formation houillère, je me représente le grand lac houiller comme un immense aquarium avec des contours bien différents de ceux actuels de la zone houillère franco-belge, ayant plancher à sédiments qui arrivaient des rivages et collines siluriens par une infinité de petits ruisseaux et plafond flottant producteur de tourbe à houillifier, formé de plusieurs centaines d'espèces de plantes et d'arbres qui croissaient avec une magnificence et une fécondité extraordinaire, mais dont la vie était de courte durée ; une végétation qui étonne par sa vigueur, par sa surabondance, mais aussi vite épuisée qu'elle avait été exubérante ; d'un règne éphémère, faute de tissus ligneux à toutes ces tiges plus ou moins creuses et remplies de moelle. Le travail de destruction n'était pas moins énergique que le travail de la création : les grands vents, ces forces aériennes les faisaient déraciner avec la plus grande facilité, c'est pourquoi on trouve si rarement des racines ou souches des divers arbres houillers traversant la houille perpendiculairement ou obliquement, à moins de supposer une quasi dissolution végétale pour ces organes.

Ce plancher et ce plafond s'élevaient graduellement, mais le plancher plus rapidement que le plafond, à cause de la forme en cuvette du bassin, (sauf exception après les fortes crues d'eau) c'est pourquoi la distance entre le plancher et le plafond diminuait toujours.

De loin en loin, en moyenne tous les deux siècles environ, quand une forêt marécageuse flottante avait accompli son œuvre ; qu'une veine était formée ; que la partie supérieure du mur supportait un ou plusieurs lits de tourbe, le poids de la masse entraînait sur une très grande étendue, celle actuellement d'une ou de plusieurs concessions, une grande surface de l'ile flottante, et lorsque cette veine ou plus exactement une très grande partie de veine arrivait au fond, elle était recouverte d'un toit de grès ou de schistes rubannés provenant des matières en suspension dans une eau tranquille , toit mélangé de feuilles ou de roseaux couchés qui seront les empreintes disposés dans des lits parrallèles à la veine.

Quel charme pour le géologue de reconstituer par la pensée ce beau règne végétal de l'époque houillère, alors à son apogée dans notre région du Nord. Pour le retrouver tel il faut aller dans les pays tropicaux où il étale toute sa splendeur. Et quel sujet de méditation que la disparition de ces forêts marécageuses flottantes, allant cacher au fond des eaux l'immense travail accompli par elles, c'est-à-dire de véritables trésors plus riches que les galions de Vigo. Et depuis cette époque reculée la nature impassible a continué sa marche, semant la vie et la mort, créant et détruisant méthodiquement, mais utilement il faut le reconnaître.

Explication sur la discontinuité possible d'une veine de charbon.

Pendant l'arrivée des dépôts stériles sur le toit, une nouvelle forêt marécageuse flottante remplaçait celle qui avait disparu ; s'employait à la même tâche ; une autre veine en un mot se formait avec de la tourbe houillère pour ces mêmes concessions, Pl. IX, d'abord par l'extension des stigmaria appartenant aux parties de l'île restées en place dont le vent ressémait les spores, et par l'arrivée à la surface de l'eau des parties trop légères pour suivre la veine dans sa descente et ensuite par la végétation sur l'île flottante de nouvelles plantes aériennes. Et pendant cette formation, il tombait du plafond pour d'autres concessions la partie de veine qui n'avait pas suivi l'entraînement précédent, lorsqu'il y avait eu déchirure. C'est ainsi que j'explique dans le bassin du Pas-de-Calais, certaines discontinuités et les changements dans les principaux caractères qu'on observe quand on passe des travaux d'une concession à ceux d'une concession voisine.

Formation des veines de charbon flénu.

Plus tard nous allons assister à la formation des veines exploitées à Cuesmes, Jemmapes et le Flenu (Belgique) et à Nœux, au

Sud ; à Bruay ; à Marles ; à Ferfay et à Auchy-an-Bois (France)
Pas-de-Calais.

Ce sont les dernières veines, en Belgique et au Nord de la
France, de la belle époque houillère ; le lac sera ensuite comblé,
ou plutôt l'eau s'échappera à la mer par une gorge dans les
collines voisines et le plancher joindra la surface de l'eau
douce.

La coureuse de gazon qui a fait du chemin depuis son point de
départ ; qui a eu des débuts si difficiles et une superficie limitée
au faible contour du premier lac houiller, couvrira alors une
grande étendue d'eau douce de la végétation la plus belle que la
botanique fossile ait pu consigner dans ses annales et ce qui n'est
pas le moins extraordinaire, c'est que le régne végétal était
alors, relativement à ce qu'il est aujourd'hui, peu éloigné de son
point de départ.

Cette couche de houille finira par se trouver naturellement
sur un sol solide qui est monté jusqu'à elle, pendant que le niveau
de l'eau débordait de la cuvette. C'était toujours la coureuse de
gazon, la mère nourricière du grand bassin franco-belge, avec
les mêmes stigmaria dans son mur, constants dans leurs formes à
cause de leur structure simple ; mais elle termine sa carrière sur
place avec le sol émergé à la façon des tourbières. Elle n'a pas,
comme la tourbe de Clairmarais, été arrêtée dans sa croissance
par l'irruption de l'eau de la mer, mais la compression de
l'ensemble de tous les terrains a reproduit un lac peu profond
comblé ensuite par des sédiments sur lesquels une végétation
tourbeuse a reparu. Ce phénomène s'est reproduit encore
plusieurs fois jusqu'à ce que la compression se soit arrêtée.

Le niveau de l'eau du lac houiller ne s'est jamais élevé jusqu'à
recouvrir en stratification transgressive d'autres roches que la
zone à *Productus carbonarius*. Dans les annales VI de la société
géologique du Nord, M. Charles Barrois écrit « que pendant son
» voyage en Amérique, il a observé que le terrain houiller du
» Mississipi (de même âge que le terrain houiller franco-belge)
» est en stratification transgressive sur les calcaires carbonifère,
» dévonien, silurien, qu'il recouvre indistinctement. »

Fin de la formation houillère du grand bassin franco-belge.

Où retrouver la dernière veine formée par l'île flottante ? Elle serait le meilleur horizon de repère de l'étage houiller franco-belge, comme la couche à *Productus carbonarius* est le dernier et meilleur horizon de repère de l'étage carbonifère inférieur.

Est-ce en Belgique, la veine Emma du grand Hornu dont la composition en matières volatiles dépasse 40 % ? Est-ce dans le Pas-de-Calais, la veine Présidente du Puits n° 3 d'Auchy-au-Bois, dont l'épaisseur dépasse 4 mètres et où le charbon a une composition en matières volatiles de 40 % ? Est-ce à Bruay ou au Sud de Nœux, où cette même composition existe ; ou bien a-t-elle disparu complètement lors des cataclysmes qui arrivèrent après l'époque houillère. Si c'est la Présidente d'Auchy-au-Bois, on trouve au dessus d'elle une ou deux veinules qui auraient été formées à la façon des tourbières actuelles. Quoi qu'il en soit, après ces dernières tourbières houillères *non flottantes*, le bassin houiller franco-belge était entièrement formé, tout simplement et tout naturellement comme nous l'avons expliqué, sans relève-ment du sol pour interrompre brusquement le phénomène houiller, et il n'attendait plus que sa destruction partielle ; mais d'après M. Grand'Eury, l'époque houillère n'avait pas pris fin, le charbon s'est formé ailleurs, à St-Etienne, par exemple, jusqu'au moment des grands bouleversements qui marquèrent dans toute l'Europe la fin de cette belle époque.

Bouleversements postérieurs.

Par un de ces bouleversements, le bassin franco-belge avec ses nombreuses veines conservant l'état plastique, se trouva relevé sur les bords Nord et Sud, tout en s'affaissant au centre, se repliant sur lui-même comme un *U* incliné. (En 1876, j'ai décrit en détail tous les mouvements du sol, dans ma théorie « *sur le prolongement au Sud de la zone houillère du Pas-de-Calais ;* page 42 et suivantes).

Dans ce département une selle, ou plutôt un soulèvement, sépara en deux parties l'extrémité Ouest, de Fléchinelle à Hardinghen (Boulonnais), de sorte que dans l'intervalle qui sépara ces deux concessions, le terrain houiller fut supprimé. Dans le Boulonnais, ce terrain fut subdivisé en trois bandes, qui sont : 1° celle des Plaines; 2° celle de Locquinghen; 3° celle de Ferques.

Dans le grand bassin franco-belge, plus de la moitié de la formation houillère disparut sur les bordures et, comme si ce n'était pas assez de destruction, la montagne que le renversement avait formée fut dégradée pendant les époques permienne, triasique, liasique et jurassique. Le terrain houiller devint à son tour fournisseur de roches à sédiments pour les nouveaux terrains ; les schistes et les grès, réduits à l'état de ténuité (ils l'avaient été la première fois pour constituer les roches siluriennes), se rendirent à leur destination nouvelle ; mais le charbon, formé si lentement, brûla sans doute sur place chaque fois qu'il était en contact avec l'air, ou fut broyé dans les cours d'eau, puis détruit par les actions atmosphériques.

La destruction ne s'arrêta qu'avec l'arrivée de la mer crétacée qui recouvrit la plus grande partie de ce qui restait du bassin, non sans avoir d'abord bien raboté la surface avec les cailloux roulés du tourtia. Ce qui reste de la formation houillère, en affleurements en quelques endroits à l'Est et recouvert à l'Ouest presque partout d'un manteau crétacé, s'appelle quand même ; « Bassin houiller Franco-Belge. »

Ce bassin est aujourd'hui en exploitation sur beaucoup de points, mais ils sont bien différents les uns des autres comme richesse et surtout comme régularité. Aussi en Belgique, au siècle dernier, les premiers essais d'exploitation des gisements difficiles ont-ils presque toujours causé la ruine de ceux qui s'y sont livrés. L'art des mines était dans l'enfance, la géologie qui rend tant de services n'était qu'un mot nouveau et la paléontologie n'était pas née. Les successeurs ont eu souvent le même sort. La réussite n'a marqué que la 3ᵐᵉ ou 4ᵐᵉ épreuve, et encore! Pour beaucoup de concessions elle n'est pas venue et ne viendra peut-être jamais.

En France, les exploitations dans le département du Nord ont eu aussi des débuts difficiles ; mais, finalement, le succès a couronné les efforts du plus grand nombre d'entre elles, principalement celles qui étaient les mieux situées comme richesse et comme régularité.

Mais c'est dans le Pas-de-Calais que les résultats ont été les plus rémunérateurs, sauf pour quelques Compagnies, dont les causes d'insuccès qui peuvent être attribuées ou à la force des circonstances, ou à la faute des concessionnaires, ne doivent pas être discutées dans cette étude purement scientifique.

QUATRIÈME PARTIE.

EXPLICATION DES FAITS LOCAUX CONTEMPORAINS DE LA FORMATION HOUILLÈRE OBSERVÉS DANS LES TRAVAUX D'EXPLOITATION DU GRAND BASSIN FRANCO-BELGE.

Dans mon étude géologique du terrain houiller de Dourges (1872), j'ai indiqué toutes les observations locales que j'avais faites sur les couches de grès, de schiste et de charbon, sans pouvoir alors expliquer ces observations. Plusieurs de ces faits locaux ont été décrits dans la 3me partie de cette étude et ont été expliqués, parce qu'ils m'avaient paru faire partie intégrante de la formation de la houille. Ceux que je vais examiner sont plutôt des exceptions que la règle générale, c'est pourquoi je les ai réservés pour un chapitre spécial.

Pour se reporter à mon étude géologique du terrain houiller de Dourges, je citerai simplement la page ou les pages dans lesquelles je relèverai les points qui vont recevoir des éclaircissements.

Le mur d'un banc de grès ressemble quelquefois à un mur de veine. (Page 22). Fig. 1.

L'explication de ce fait singulier est bien simple : Au début de la formation d'une nouvelle veine et au plafond de l'île végétale flottante, sur une certaine surface, le mur en création pouvait acquérir trop rapidement une certaine épaisseur, tout en manquant de racines d'attache assez fortes pour rester adhérent à l'île. Ce mur se séparait seul, comme si, du plafond d'une salle, l'enduit de mortier manquant, malgré la bourre, de liaison avec les lattes clouées aux poutrelles, se détachait sous l'influence de la pluie qui traverserait le plancher supérieur ; le mur entraînant avec lui quelquefois des roseaux non branchus tels que des sigillaria et certains calamites, arrivait ainsi au fond du lac, plus vite que s'il avait fait corps avec un ou plusieurs lits de tourbe à houillifier. Après la descente de ce mur, l'eau du lac recevait par les nombreux ruisseaux les sédiments argileux et sableux qui, une fois en mélange dans l'eau tranquille, se classaient par ordre de grosseur et de densité : en premier, les grains les plus gros et les plus lourds, c'est-à-dire les sables qui se rendaient au fond presque aussi vite que le mur lui-même et recouvraient celui-ci en couches parfaitement stratifiées, planes si le mur était plan, et ondulées comme lui, s'il y avait de légères ondulations.

Les radiculites de l'Oural, observées par M. Grand'Eury, ont pu être formées de cette façon.

La forêt de sigillaria à racines stigmariées du Sud du Yorkshire, dont parle M. Gosselet dans son cours élémentaire de géologie, est descendue du plafond producteur entraînée par le poids du mur. Des sables ont ensuite formé les grés qui surmontent la couche de mur argileux.

Il peut même arriver de trouver des forêts superposées aux forêts, des arbres sur des arbres, comme on l'a remarqué dans une mine du Straffordshire méridional en Angleterre : c'est qu'alors le phénomène décrit ci-dessus s'est reproduit plusieurs fois.

Les schistes qui recouvrent immédiatement au toit un banc de grès ont quelquefois l'aspect d'un toit de veine. (Pages 21-22). Fig. 2.

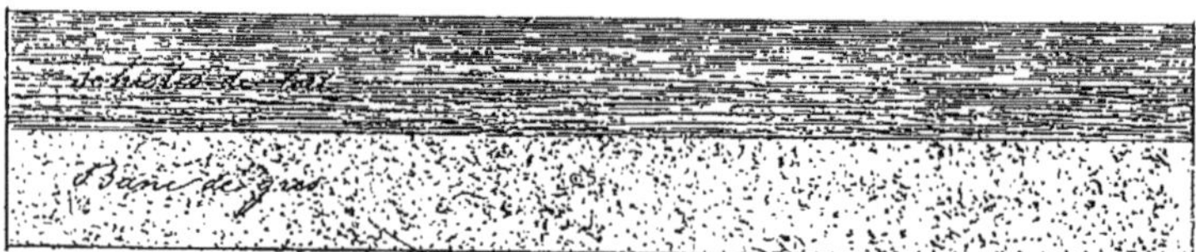

Les dépôts des bancs de grès paraissent être les suites d'une très forte inondation suivie d'un temps d'arrêt, d'un calme atmosphérique ; car après la formation d'un banc de grès, il arrive très souvent que les schistes qui les recouvrent, quoique très peu charbonneux, renferment de très belles empreintes, bien conservées de formes Ces empreintes sont fournies pas les feuilles et les branches qui ont été jetées par l'orage sur le lac houiller, en dehors de l'île flottante , et qui ont flotté avant de descendre lentement pour, finalement, se déposer dans les strates schisteuses alors que tous les sables (futurs grès) étaient déjà en place.

De nos jours, lorsque l'on observe les effets de l'inondation d'une rivière dans les prairies avoisinantes , on voit que le dépôt qui peut atteindre par place plusieurs décimètres d'épaisseur, est composé comme suit : A la partie inférieure, en contact avec l'herbe de la prairie, du limon sableux ou du sable presque pur en certains endroits ; à la partie supérieure, du limon argileux. Si des feuilles d'arbres tombées ont été recouvertes, elles laissent sur la partie inférieure du dépôt de fort belles empreintes.

La ressemblance du mur et du toit de certains bancs de grès avec le mur et le toit des veines cause bien souvent des désappointements aux exploitants dans les recherches à travers bancs.

Lorsque entre une veine et les grès au-dessus d'elle il se trouve des schistes, ces schistes sont : ou le toit de la veine ou le mur des grès. (Page 22). Fɪɢ. 3.

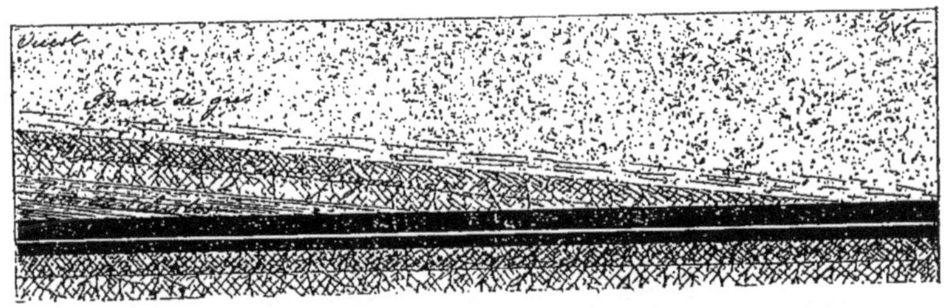

Après le départ d'une veine du plafond producteur, un nouveau mur était en formation dans les racines des nouveaux stigmaria et si ce mur s'échappait sans tourbe houillère, comme je l'ai indiqué plus haut, il pouvait, ou attraper la veine précédente dans sa

descente si cette veine n'était pas encore arrivée au fond du lac,
ce qui est peu probable, ou bien y arriver très peu de temps après
elle, alors que les schistes du toit n'étaient pas encore déposés
sur la surface entière. Ce mur de recouvrement, en atteignant le
plancher, épousait sa forme et recouvrait là des schistes de toit,
plus loin la veine elle-même, et enfin, plus loin encore où il n'y
avait ni schistes de toit, ni schistes de mur sur la veine, c'étaient
des grès qui pouvaient former toit de la veine. (Pages 55 et 56,
veine Sainte-Cécile.)

Les toits de grès sur une veine sont assez fréquents.
(Page 20). Fig. 4.

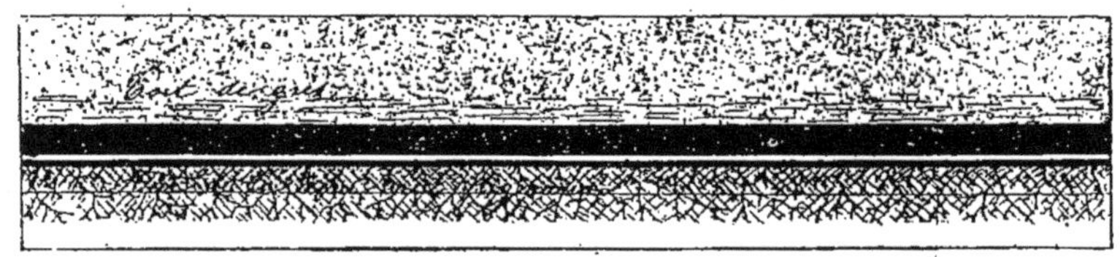

Nous avons dit page 88 de cette étude que la veine en descendant procédait quelquefois à une véritable clarification de l'eau
bourbeuse du lac houiller ; il n'est donc pas étonnant que dans
les sédiments divers qui arrivaient ensuite il s'opérait dans l'eau un
classement par ordre de densité et de grosseur ; les sables, quand
il y en avait, étant les plus lourds se déposaient les premiers sur
la veine et formaient *Toit de grès*.

Grandes variations d'épaisseur observées quelquefois dans une veine. Fig. 5.

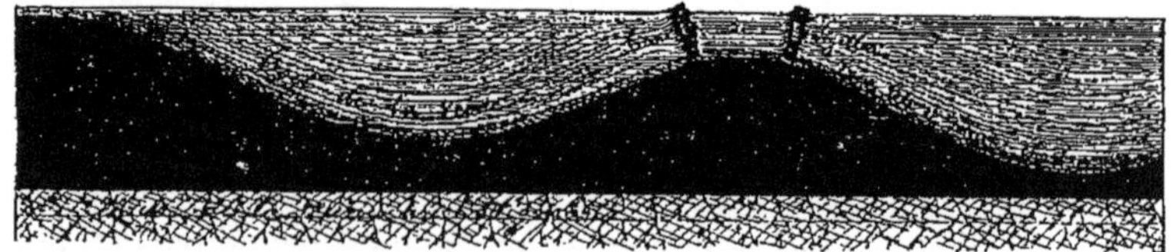

Prenons comme un rare exemple dans le bassin franco-belge
la veine n° 9. (Page 46).

« Il est difficile de donner d'une manière exacte l'épaisseur
» moyenne de la veine nº 9, car il arrive que cette épaisseur
» diminue tellement que la veine n'est plus exploitable ; puis
» comme conséquence, à quelques mètres au delà, l'épaisseur
» atteint 3 et 4 mètres. »

L'explication peut se trouver à la fin de la description de cette
veine :

« Dans les anciennes galeries, ce que l'on observe à chaque
» pas, ce sont de gros troncs de sigillaria qui se sont détachés du
» toit. »

Ne serait-ce pas en effet cette forêt de sigillaria qui aurait, par
des accumulations successives des feuilles et plus encore des
arbres de cette famille, formé par place des amas, car le mur est
régulier et les augmentations d'épaisseur de la veine ne donnent
des irrégularités qu'au toit.

Le faux toit des schistes tendres charbonneux est une formation d'havrit, action du vent amenant des poussières argileuses
au moment de l'enfoncement de la veine nº 9.

Les étreintes ou serrages dans les veines. Fig. 6.

Lors du départ d'une veine, celle ci pouvait, sous l'action des
vents avoir reçu inégalement les débris de végétaux, ou bien la
forêt marécageuse flottante pouvait être irrégulièrement touffue ;
il pouvait même arriver qu'en certains endroits, sur une assez
grande surface, le mur fût presque nu, quelques feuilles mortes
de stigmaria formaient seules, sur lui, quelques brins de tourbe
houillère.

On peut remarquer ici ce que j'ai déjà dit, que les murs ont une
régularité plus grande que celle des veines.

Ce sont ces stérilités locales que les mineurs appellent *étreintes
ou serrages.* Ces accidents n'ont entre eux aucune correspon-
dance ni non plus avec les couches voisines de houille. Ainsi une
veine de houille a tellement d'étreintes ou de serrages qu'on dit

qu'elle est en *chapelet*, tandis que la veine précédente déposée avant elle est vierge de ces dérangements locaux. Le vent serait donc aussi la cause principale de ces dérangements.

FIG. 7.

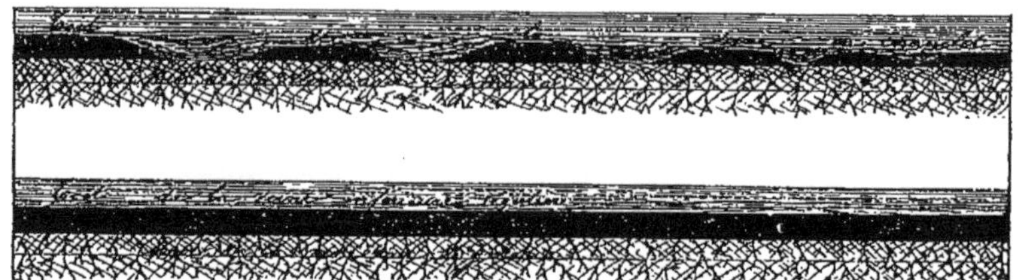

Serrage précédé ou suivi d'un renflement. FIG. 8.

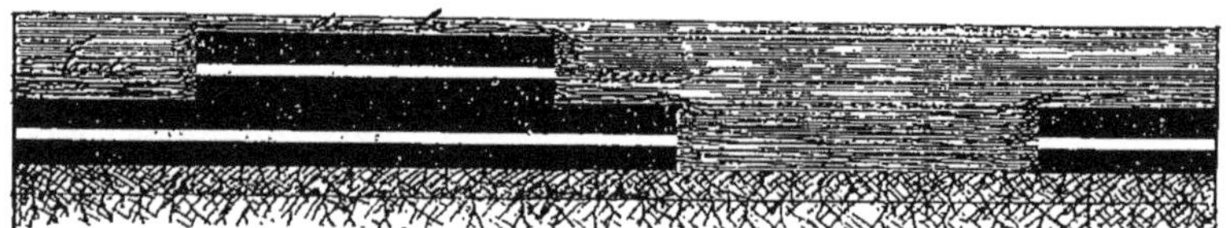

Très souvent une étreinte complète, c'est-à-dire un serrage, est précédée ou suivie d'un renflement. C'est qu'alors l'étreinte s'est produite pendant la descente de la veine : une partie de celle-ci ayant en surface une certaine étendue et appartenant au plan supérieur de la veine s'est détachée, restant en retard pour la descente ; les légers courants ont été ensuite la cause de la déviation de la chute d'aplomb et cette portion de veine que nous pourrions appeler d'arrière-garde devint ainsi une pièce mise à côté du trou.

Dans les amincissements de veine on observe généralement que le mur ne quitte jamais la couche, c'est pourquoi les ingénieurs recommandent aux porions et aux ouvriers d'avoir bien soin de suivre toujours le mur pour retrouver une veine perdue par un accident de cette nature.

Variation de nature des havrits. (Page 55). FIG. 9.

Beaucoup de veines sont formées de plusieurs sillons de charbon séparés par des lits d'havrit. On observe parfois, à de grandes distances, que ces parties schisteuses intercalées ont varié d'épaisseur et de nature. J'ai souvent remarqué que les réclamations des ouvriers mineurs sur les prix d'abatage de la houille avaient presque toujours pour cause principale la variation de nature des havrits. « Le havage est devenu plus dur disaient-ils. »

Redoublement de veine ou recoutelage sur la verticale. Fig. 10.

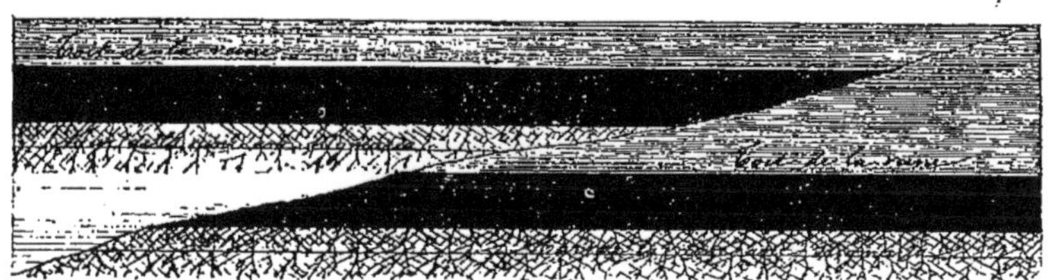

Lorsque la couche de tourbe à houillifier descendait du plafond sur une grande profondeur au sein de l'eau ; si cette eau n'était pas absolument tranquille en ce moment là, il se produisait dans la couche des déchirures. Il pouvait y avoir ensuite écartement des parties détachées, ce qui causait la disparition complète de la veine et de son mur même sur une certaine étendue ; mais la conséquence était sur d'autres points de faire glisser deux parties de la veine l'une sous l'autre ; elles faisaient ainsi, superposées, leur descente commune jusque sur le plancher d'arrêt où elles formaient ce que, en terme de mines, on appelle *recoutelage*. Si cet accident traverse plusieurs couches, il n'est pas contemporain de la formation ; il est, au contraire, une faille d'un âge postérieur.

Pourquoi les bancs de grès sont-ils relativement irréguliers d'épaisseur. (Page 20). Fig. 11.

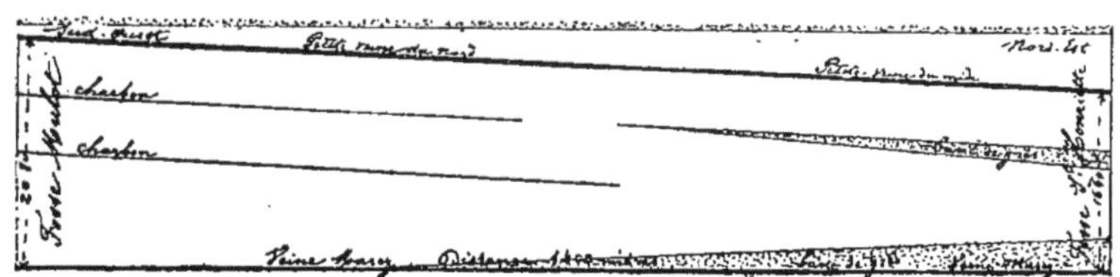

Les bancs de grès ont pour origine des sables plus ou moins gros amenés par les nombreux cours d'eau et ensuite en suspension dans l'eau du lac pendant quelque temps. Cette suspension n'était pas d'assez longue durée pour obtenir une répartition uniforme dans la masse d'eau et la chute des grains se faisant trop rapidement nuisait à l'uniformité d'épaisseur.

Il est donc possible aujourd'hui de tracer le sens des courants qui amenaient les sables qui ont formé certains bancs de grès du terrain houiller.

Dans l'exemple ci-dessus, la direction est du Nord-Est vers le Sud-Ouest; c'est-à-dire que les cours d'eau chargés de sable descendaient des collines siluriennes du Brabant.

Dédoublement de veine.

Ce fait singulier est assez commun dans le bassin franco-belge; il a paru autrefois à M. Potier comme un exemple de transgressivité des assises houillères les unes par rapport aux autres, et il a été interprété par M. l'abbé Boulay comme une preuve de la mobilité du sol pendant l'époque houillère. (Le terrain houiller du Nord de la France et ses végétaux fossiles. Page 59.)

Dans une étude spéciale sur la concession de Bully-Grenay, le même botaniste signale au Puits n° 5 de cette compagnie le dédoublement de la veine Sainte-Barbe.

Dédoublement de la veine Sainte-Barbe (Abbé Boulay).

Fig. 12.

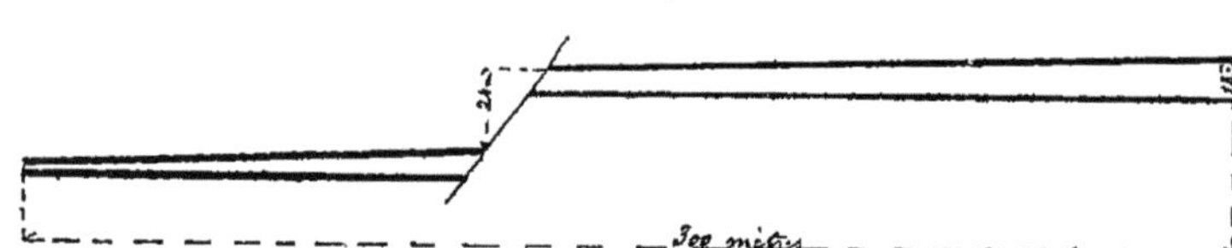

La figure qu'il donne est reproduite dans le traité de géologie de M. de Lapparent (1re édition page 788) où ce savant accepte et développe les idées de M. l'abbé Boulay sur la mobilité du sol à l'époque houillère : « Cette mobilité ne s'est pas traduite par de simples oscillations verticales, mais par des espèces de mouvements de bascule, qui relevaient un des côtés du bassin en abaissant le côté opposé » dit M. de Lapparent.

Et plus loin : « des preuves plus directes de ce mode de mou-
» vement sont fournies par le redoublement que subissent parfois
» certaines couches de houille. En pareil cas, le point où com-
» mence le redoublement marque la charnière à partir de laquelle
» l'affaissement s'est manifesté, jusqu'au moment où, la partie
» inclinée ayant été recouverte de sédiments qui rétablissaient
» la continuité du sol, une nouvelle période de repos a permis la
» reprise du phénomène houiller. »

Avec ma théorie, je laisse en repos complet l'écorce terrestre, je laisse également le phénomène houiller se continuer paisible-ment comme il le faisait depuis le début de la formation houillère, et j'explique alors très simplement le fait, purement local, du dédoublement d'une veine.

J'ai repris l'exemple indiqué par MM. l'abbé Boulay et de Lap-parent, mais, préalablement, j'ai demandé à M. Dumont, agent général de la C⁰ de Bully-Grenay, tous les renseignements qui pouvaient m'être utiles. M. Dumont, avec le plus grand empres-sement, a fait aussitôt les recherches nécessaires pour me les procurer. J'en ai fait la vérification avec M. Dumont et M. Crépin l'ingénieur de la mine.

Voici ce dont il s'agit :

Une veine puissante, appelée Sainte-Barbe, est exploitée à la fosse n° 5, avec une épaisseur assez variable, passant de 2 à 4 mètres, mais le toit et le mur ne changeant jamais de nature. Le toit est caractérisé par l'absence de végétaux et par des mytilus généralement écrasés et déformés. (Ces fossiles d'eau marine ou saumâtre sont-ils houillers ? Les mytilus existaient déjà à l'épo-que silurienne ; ceux-ci proviennent peut-être des collines silu-riennes schisteuses fossilifères qui fournissaient les sédiments pour le toit de la veine Sainte-Barbe). Le mur est toujours recon-naissable au banc de Gayet, espèce de Canel Coal qui le sépare de la veine.

Cette belle veine présente du Nord au Sud, sur une distance de 1150 mètres, limitée par deux failles, la coupe ci-dessous, orientée perpendiculairement à l'axe du bassin. Une faille ou rejet de 24 mètres sépare l'exploitation en deux parties.

Coupe Nord-Sud représentant le dédoublement de la veine Sainte-Barbe.

Fɪɢ. 13.

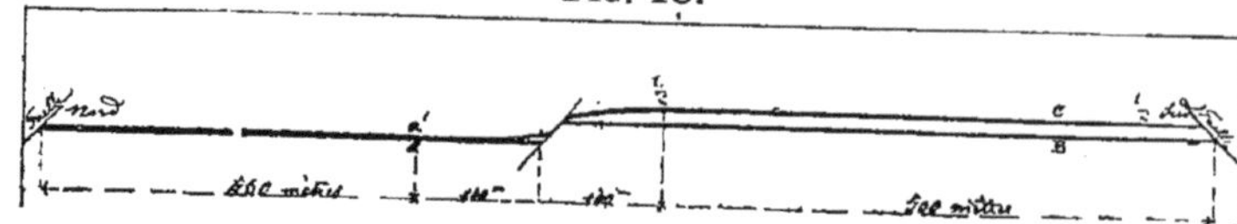

Le dédoublement commence à 100 mètres au Nord de la faille, et à 100 mètres au Sud, la distance entre les deux parties de veine est de 13 mètres.

Cet écartement reste ensuite sans changement important jusqu'à une autre faille au Sud, c'est-à-dire sur une longueur de 500 mètres,

Le rejet de 24 mètres de hauteur étant un accident postérieur à la formation, nous n'avons pas à nous en occuper.

Pour rendre compte des phénomènes qui ont eu lieu, nous allons mettre en regard les trois parties de veine qui nous intéressent :

1º La veine Sainte-Barbe à l'état normal en *a a'*.

2º La veine B dans son état normal.

3º La veine C   dº

Fɪɢ. 14.

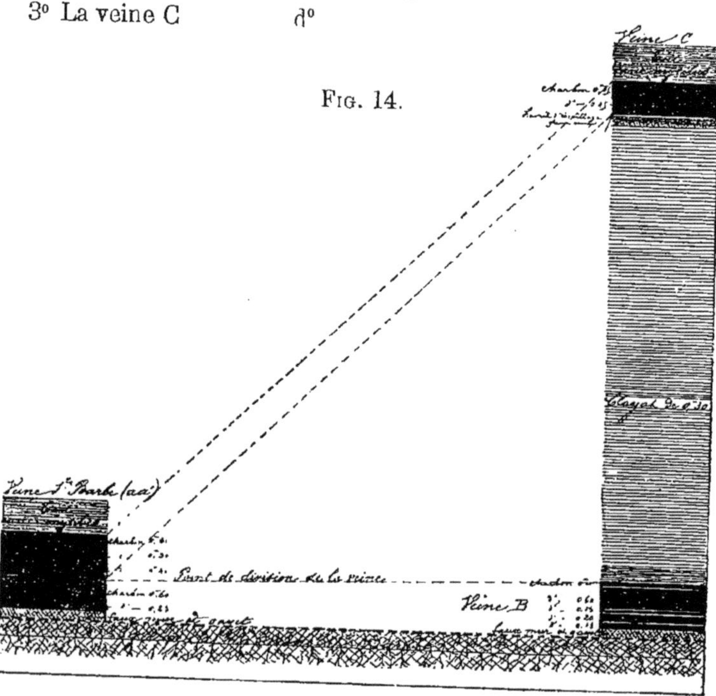

Nous voyons que la veine Sainte-Barbe, après son départ du plafond producteur, s'est ouverte en route dans l'eau du lac, sur une grande surface, suivant le plan de séparation dans l'havrit. La partie séparée formait comme un immense clapet qui a oscillé très longtemps faute d'une macération suffisante et d'un mur d'entraînement, mais qui, après s'être enfin macérée et avoir reçu, comme la veine Sainte-Barbe entière, du limon pour le toit, a fini cependant par se fixer sur le plancher surélevé de 13 mètres d'épaisseur de sédiments, presque horizontaux, sauf sur les 200 mètres qui précèdent la charnière du clapet, où les sédi- ments ont épousé la forme de l'espace compris entre les deux parties de veine séparées.

Dans les travaux d'exploitation on devait par conséquent trou- ver : (ce qui du reste s'est vérifié à la lettre).

1° Que la veine B a le même mur que la veine Sainte-Barbe entière. Il y a un horizon géologique indiscutable dans le sillon de gayet parfaitement reconnaissable ;

2° Que la veine C n'a pas de mur mais elle a partout le même toit que la veine Sainte-Barbe entière ; ce toit renferme des my- tilus et pas ou peu d'empreintes végétales ;

3° Que la structure de ces deux parties de la veine Sainte-Barbe est variable comme l'épaisseur de la veine entière.

Les terrains intercalés entre B et C, amenés par des courants descendant des collines du Sud, ne présentent rien de particulier ; ce sont des schistes ordinaires très durs et contenant beaucoup de clayats (fer carbonaté) ; on rencontre surtout un clayat de 0^m30 dont le percement est difficile. Il est situé à 5 mètres au-dessus de la veine B.

Le toit de la veine B est peu résistant sur 0^m50 de hauteur et il contient peu de végétaux ; au-dessus il est très solide et il ren- ferme une quantité considérable de plantes fossiles, qui doivent provenir des parties les plus denses de tourbe houillère détachées et comme échevelées, d'abord au moment de la séparation des 2 portions de veine, puis flottantes pendant quelque temps.

Il est probable que beaucoup de ces plantes, les plus légères, ont aussi contribué, en remontant jusqu'à la veine C et y adhé- rant, à rendre les terrains du sol de cette veine très charbonneux sur 0^m30 de hauteur. La veine C n'a pas de mur avec racines de stigmaria, elle ne pouvait pas en avoir, c'est une veine perdue.

Application de ma théorie à la formation des terrains houillers dits lacustres.

Les terrains houillers du centre de la France se sont-ils formés autrement que celui du bassin franco-belge ? Je ne le pense pas :

Dans ces bassins, les tourbières houillères flottantes manquaient souvent de racines de stigmaria pour retenir les poussières argileuses et constituer des murs de veines ; les forêts marécageuses ont donc flotté plus longtemps à la surface de l'eau des lacs, leur entraînement au fond n'a été produit que par un poids suffisant des lits terreux intercalés entre les lits de tourbe houillère, auquel poids s'ajoutait une longue macération de la tourbe noyée et en carbonisation humide.

Les entraînements ayant été plus éloignés les uns des autres que dans le bassin franco-belge, les veines ont été plus épaisses.

L'exemple de dédoublement de veine à la C^e de Bully-Grenay, avec l'explication si plausible que j'en donne, ne pourrait-il pas fournir la clef pour comprendre l'intéressante coupe verticale de Longeroux à la Bouige $\left(\text{échelle } \dfrac{1}{20.000}\right)$, tracée par M. Fayol.

Fig. 15

Disposition générale des couches de houille de la Concession de Commentry.

Coupe verticale

Echelle $\frac{1}{20.000}$

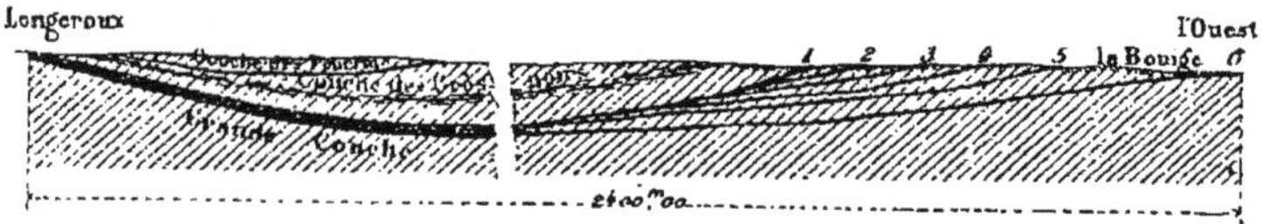

Fig. 16. Disposition des bancs au toit de la grande couche.

Coupe verticale.

Echelle $\frac{1}{10.000}$

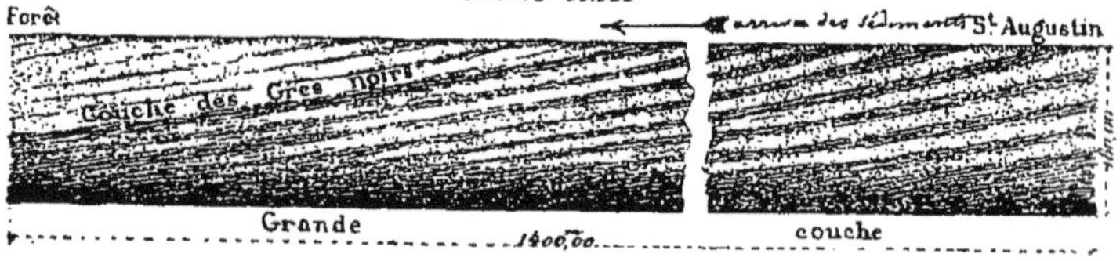

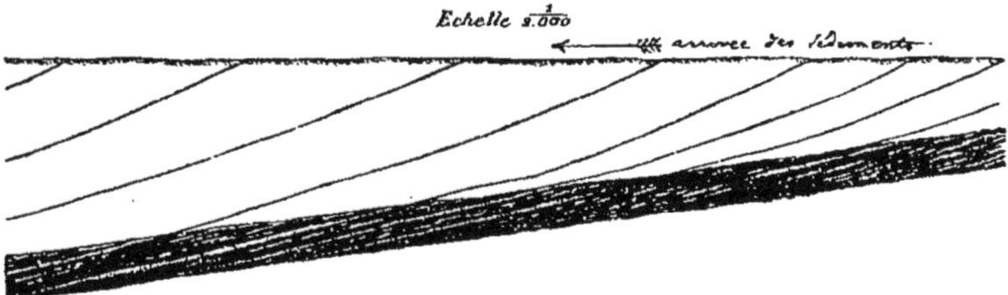

Fig 17. — Banc de grès allant du toit au mur de la grande couche (St Augustin)

Coupe verticale

Echelle $\frac{1}{5.000}$

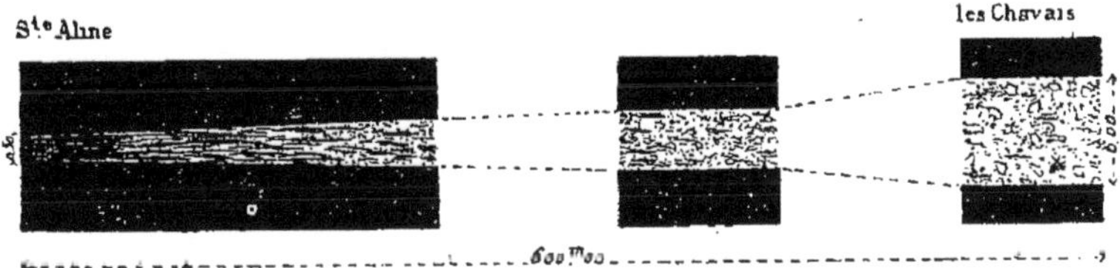

Fig. 18. — Banc noir. — Passage dès poudingues, au grès, au schiste et à la houille.

Coupe verticale.

Echelle $\frac{1}{5000}$

Les lits de charbon 5-4-3-2-1,(Fig. 15)en cinq branches détachées, formant cinq grands clapets superposés, auraient successivement touché le fond du lac, exhaussé chaque fois à l'Ouest par l'arrivée de sédiments.

Nous pourrions quand même, avec cette hypothèse, ne rien changer à la conclusion de M. Fayol, que nous adoptons, du reste, pour le bassin franco-belge : « Qu'il est plus naturel d'admettre
» qu'à l'époque houillère comme aux autres époques géologiques,
» le calme était la règle, et les mouvements du sol l'exception,
» et que les dépôts se formaient sans le secours de phénomènes
» extraordinaires. »

TABLE DES PLANCHES.

TABLE DES FIGURES.

TABLE DES MATIÈRES.

QUATRIÈME PARTIE.

Explication des faits locaux contemporains de la formation houillère observés dans les travaux d'exploitation du grand bassin franco-belge.

Lille Imp. L. Danel.

Lille Imp. L. Danel.